JN202688

理工系のための

超 頑張らない プレゼン入門

安田　陽 著

目次

第6幕 英語プレゼン・質疑応答編：質疑応答は「受け」ではなく「攻め」

第7幕 英語プレゼン・口頭発表編：胸を張って堂々と喋ろう

第8幕 英語プレゼン・スライド資料編：スライド資料は紙芝居。紙芝居を見ながら喋ろう

第9幕 英語プレゼン・事前準備編：楽しくラクして英語を学ぼう。ただしアンテナを張ろう

第10幕 英語で交渉！編：英語で意思表示をしよう。できれば日本語でもね

第11幕 対談：日本人の英語はネイティブスピーカーにどう見られているか？ Rena Kuwahata氏（Elia Grid International社）×安田 陽

第12幕 Ｑ＆Ａ―あなたのお悩み・ご相談にお答えします

メンタル編

苦手意識は無理に克服しなくてOK

皆さん、はじめまして。プレゼンが苦手な理工系のための超頑張らないプレゼン入門、開幕です。

さて、皆さんはプレゼンはお好きですか？ 例えば、毎日楽しく実験や解析に勤しんでいたのにある日突然上司や指導教員に呼び出されて、「来月の社長プレゼン、君が発表してくれたまえ」とか「国際会議で論文を発表しましょう」と言われたとします。往々にしてプレゼンは、あなたの都合ではなく上司の都合で突然やってきます。

そこで「わーい、やったー！」とか「フッ…、この日を待っていたぜ…！」などと意気込む理工系の技術者や研究者は…たぶんいないでしょう。本書は、プレゼンが苦手な人、嫌で嫌でしゃーないけど上司や指導教員からやるように言われて仕方なくやらざるを得ない人、できれば避けたいけれどやらなあかんと自らノルマを課している人、そんな方々を対象としています。

プレゼンは、ある日突然やって来る

本書では、「プレゼンが上手くなろう！」とか「苦手意識を克服する」といった崇高な目的は…全然掲げていません。むしろ、**最後までプレゼンが苦手なままでもOK**です。本書では、苦手意識を抱えながらも避けて通れないプレゼンに対して、ゆるく自然体で対処するための解決法をお伝えしていきます。読み進むにつれだんだんと具体的な方法論や役立つ小技も登場しますが、まず最初の第１幕はメンタル編です。

理工系のプレゼンで求められるもの

もしかしたらプレゼンに苦手意識を持つ多くの方は、自分はプレゼンが得意でないからプレゼンが上手くいかない（相手に伝わらない）という固定観念に陥ってしまっているかもしれません。しかし実は、プレゼンが得意・不得意というのと、相手に伝わるかどうかという問題は、そもそも次元が違うことを再認識しておく必要があります。本書は主に理工系の人が対象ですので、早速２次元ベクトル空間（！）で図示してみることにします（**図１**）。

　プレゼンが得意で、一見人を魅了するように見えても、空回りして相手に伝わらない落とし穴は沢山あります（図中の第４象限）。また、プレゼンがあまり得意でない人も、相手に伝え

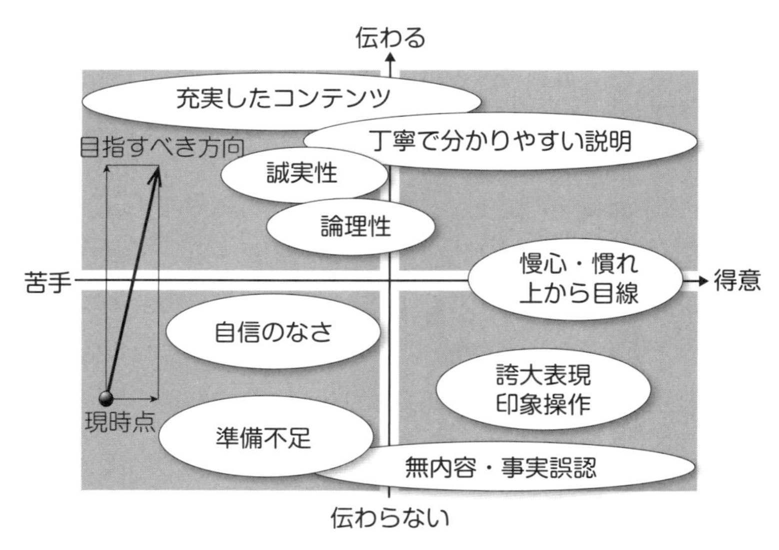

図１　プレゼンにおける「得意/苦手」と「伝わる/伝わらない」の２つの軸

るための技術的方法論は沢山あります(同第2象限)。ここが本書の一番のポイントです。

聴く人を魅了し見る人の視線を釘付けにするトークというのは、プレゼンが得意な人の典型的なイメージですが、理工系のプレゼンでは、そのようなテクはあまり必要ありません。もしかしたら営業などの分野では必要になるかもしれませんが、理工系の分野ではむしろ、上手過ぎる話は警戒心さえ抱かせ、ネガティブな要因になりかねません。特に学会発表では、**誇大表現や印象操作は厳禁**です。分かりやすさを強調するあまりファクトを操作したり、大して内容がないものをさも素晴らしいかのように喋ること自体NGです。

一方、たとえプレゼンが苦手で朴訥な説明だったとしても、論理的にコツコツとファクトを積み重ね、誠実さをもって一生懸命伝えようとすることで、相手にきちんと情報や思いが伝わる場合もあります。そもそも内容(コンテンツ)に関しては、社内プレゼンや学会発表を要請される段階で価値あるものを持っていることになります。自信を持ってください。

こう考えれば、現在、プレゼンに苦手意識を持っている方の目指すべき方向は自ずと決まります。無理してプレゼンが得意になろうと努力しなくても良いのです。自身の得意とするコンテンツ(研究・開発の成果)を武器に、**論理性や誠実性を重視して、的確な情報や自身の考えを相手に伝**

わる方向にベクトルを向ければ良いということが分かります(図１の矢印)。

話を盛るのは御法度！

さて、第１幕ではメンタル編として、理工系研究者・技術者がプレゼンに臨む際の心得を紹介していますが、流石に精神論ばかりだと抽象的過ぎてイメージが湧かないかもしれないので、ここで第２幕以降を少し先取りする形で、具体的な方法論をいくつか紹介します。まず､図１で出てきた「誠実性」ですが、具体的にどのようにすれば誠実さを伝えられるか(逆に、どのようにすれば誠実さを損なうか)を見ていきましょう。

誠実性というと精神論っぽく聞こえますが、端的に理工系のプレゼンで重要なのは、**絶対に話を盛ってはいけない**ということに尽きます。「話を盛る」という表現は、最近、就活中の学生さんの間でもよく聞きますが、嫌～な言葉ですね。話を盛る学生さんは大抵、面接で人事の人に見抜かれますし、うっかり入社できても後から苦労するでしょう。これは理工系のプレゼンでも同じです。

図２の上半分に挙げた表現は、科学技術論文でもよく用いられる推論に関する表現です。理工系の論文や報告書では、それぞれデータの信頼性、エビデンス(科学的論拠)や論理性の堅牢さ(ロバストネス)によって、これらの表現を適切に選択するこ

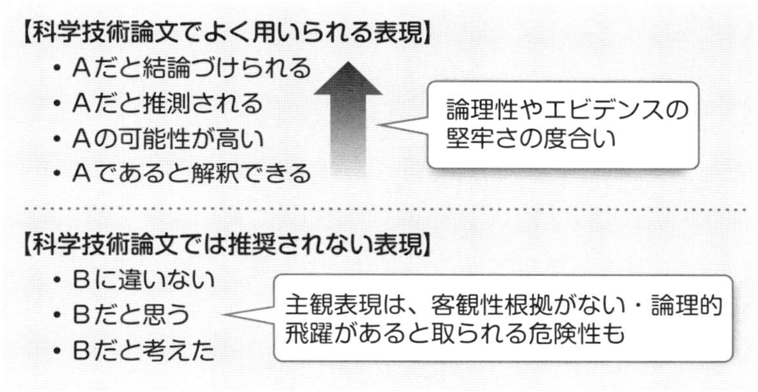

【科学技術論文でよく用いられる表現】
- Aだと結論づけられる
- Aだと推測される
- Aの可能性が高い
- Aであると解釈できる

論理性やエビデンスの堅牢さの度合い

【科学技術論文では推奨されない表現】
- Bに違いない
- Bだと思う
- Bだと考えた

主観表現は、客観性根拠がない・論理的飛躍があると取られる危険性も

図2 科学技術論文でよく用いられる表現と推奨されない表現

とが求められます。この表現の度合いをうっかりでも間違えると危険です。特にあまり確からしくないことを断定調で述べると、たとえ意図的でなくとも話を盛ったとみなされ、あっという間に誠実性が失われます。

例えば、「Aだと結論づけられる」という表現は、十分なデータや文献をもとに仮説A以外のすべての仮説が成り立たないということ（すなわち元の命題の対偶）が論理的に真であると証明されない限りは、うかつに使うべきではありません。データの信頼性が十分でなかったり、エビデンスが限定的だったりする場合は、その度合いによって「推測される」「可能性が高い」というように論理表現を弱めなければなりませんし、A以外の解釈が必ずしも否定できない場合は、「…と解釈できる」と控えめに言わざるを得ない場合もあります。

また、図２の下半分はNGワードです。例えば、「私はBだと思う」「Bだと考えた」は、あなたが勝手に思った（考えた）だけでしょ？　その根拠は？　と言われかねません。その場合、「Bだと思われる」「考えられる」と受動態にすると、まあまあ許容される表現になります。これは「推測される」の弱調表現に相当しますが、多用すると自信なさげに聞こえるので注意が必要です。

もしかしたら高校の国語や英語の授業で「受動態の多用は避けること」と教わった方も多いかもしれませんが、科学技術系の文章は一般の文章とルールや作法が若干異なり、能動態よりは受動態が好まれる傾向にあります。英語の科学技術論文でも同様ですが、能動態は主観的で根拠がないと取られやすく、一方で受動態は客観的であることを示す表現とみなされるからです。

このような推論表現をプレゼン中に意図的にコントロールしながら喋ることは、必ずしもプレゼンの得意・不得意とは関係ありません。特にトークだけで切り抜けようとする人は、この推論表現のレベルを重視せず、十分なデータやエビデンスがないのに妙に断定調な話し方になる傾向があるようで、残念ながらテレビやネットではそれがむしろ当たり前になってしまっているようです。

しかし、我々が目指すのは理工系分野でのプレゼンです。そこでは、たとえ一見魅力的な語り口でも推論表現が制御できていないと、どこか信用が置けないという烙印を押されることになりかねません。逆に、語り口は朴訥でも適切に推論表現を使いこなせば､相手から信頼と納得を得ることができるでしょう。

重要なのは、プレゼンの準備段階になってからその場しのぎで練習するのではなく、普段からこのような論理的な思考・表現方法を心掛けておくことです。そして、その訓練を日々受けてきているという点では、我々理工系分野の技術者・研究者は一日の長があるわけです。

印象操作もダメ、ゼッタイ！

もう１つ、誠実性に関して具体例を挙げましょう。**図3**のⒶとⒷでは、どちらが良いグラフでしょうか？ ちなみに、このグラフのうちの１つは、たまたま筆者が最近国際会議で発表した論文に使ったグラフで、ドイツの年間消費電力量の推移を表したものです（点線は一次近似曲線）。論文では、ドイツの消費電力量はこの10年間でわずかに減少傾向にあると結論づけています。

この問題、本書の読者であればほとんどの方がⒶと答えるでしょう。我々理工系の人間はそう教育されています。しかし、ところがどっこい、世に出回っているプレゼン指南書では、Ⓑのような描き方（縦軸を０からとらず、拡大する方法）が良いと書いてある本が圧倒的に多いのです（なんてこった…！）。実は

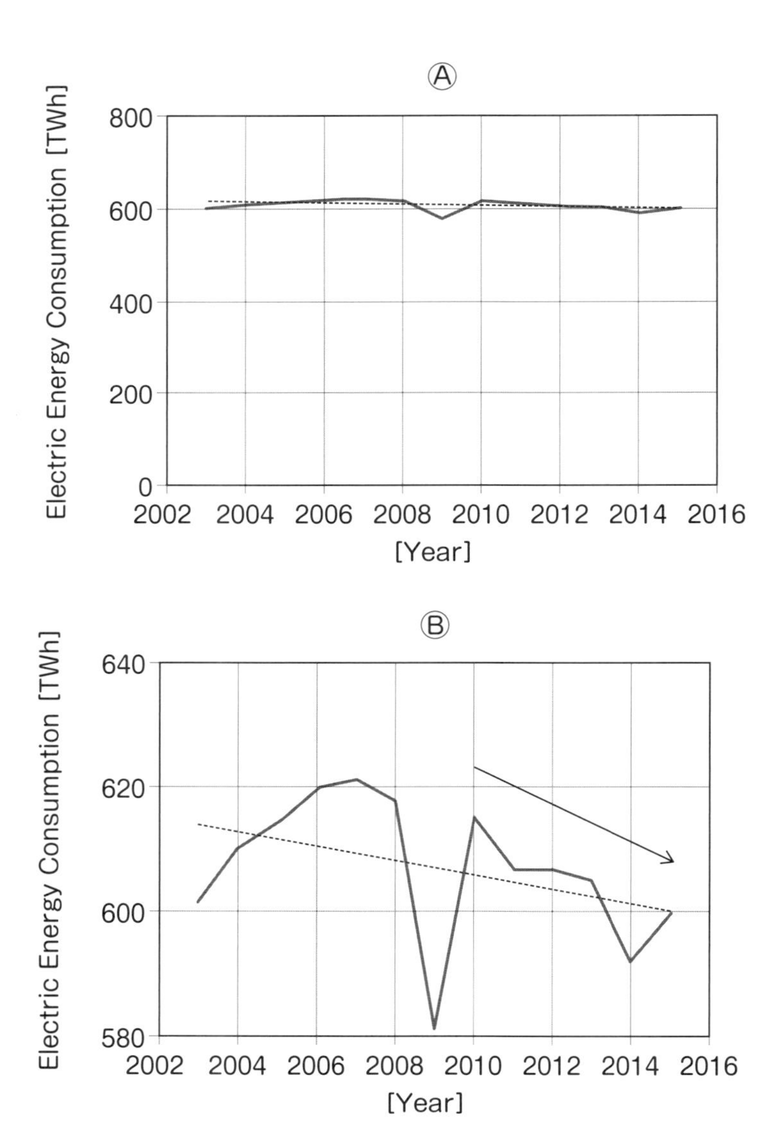

図3 「誠実なグラフ」と「不誠実なグラフ」の例

Ⓑの描き方は、新聞やテレビなどでもよく登場します。確かに、減っているということをアピールするには効果絶大です。

しかし、理工系のプレゼンでは、これは絶対にやってはいけないやり方です。減っていることをいかに結論づけたいとしても(事実、点線で表された一次近似曲線の傾きは負になります)、Ⓑのように縦軸を拡大する手法は恣意的で、客観性を損うものと見られます。

ちなみに、Ⓑには親切にも分かりやすい矢印が付加されていますが、これは筆者が見た感じでわざとテキトーに引いた補助線であり、統計学的には根拠がありません(一次近似曲線や移動平均の推移とも異なります)。これも分かりやすさを強調するあまり、ファクトを操作すると見なされNGです。このような**グラフ上での恣意的な印象操作は絶対にやってはいけません。**

グラフはエンジニアの命です。恣意的なグラフ表現は、技術者・研究者としての信頼を失います。巷のビジネスマン向けのプレゼン指南書で推奨していることと理工系のプレゼンで要求されることは異なる場合も多いので、これらの本を参照する場合は十分な注意が必要です。

理工系プレゼンに必要なのは「誠実性」

このように、得られた事実を誇張せずに客観的に伝えるとい

ペラ
ペラ
トークは上手くても…
オド
オド
自信なさげは、やはりマイナス
平常心
飾らず気取らず誠実に

う方法論は、我々理工系の研究者・技術者が日々培ってきたものです。「根拠なく断定しない」「恣意的な印象操作をしない」ということは当たり前のことですが、きちんとトレーニングを受けていないとうっかりやってしまいがちです。このような一見地味で細かい配慮の積み重ねこそが、理工系のプレゼンで最も必要な誠実性になるのです。

繰り返しになりますが、プレゼンは決して喋りが上手ければ良いというわけではありません。むしろ人を魅了するような巧妙な話術は、誠実性を低下させ相手にとって傲慢に映ることすらあります。我々の目的は客観情報を伝えることにあります。プレゼン（その中でも喋りの部分）は、その１つの手段でしかないという基本に何度も立ち返る必要があります。

もちろん、内容や資料さえ良ければ話術はどうでもよいと考えるならば、それも傲慢の一種になります。特に、このような考え方は、専門外の方々、特にいわゆる文系の人々からは嫌われる傾向にあります。内容は素晴らしいのにボソボソと下を向いて自信なさげに喋ったりするのはもちろんNGですし、専門用語やカタカナ語を多用したり、難しい数式や理論の説明をうっかりでもすっとばしたりすると、分からない人にとっては、それが鼻につく印象になってしまう可能性もあります。

重要なのは、自らのコンテンツに対して過大評価して話を盛るのでもなく、自信なさげに過小評価するのでもなく、**平常心で淡々と誠実に相手に情報を伝える**ことなのです。

減点主義はツラいよ

最後に、再び抽象論（メンタル面）に戻ります。

プレゼンにおける誠実性は、言い換えるなら「ホスピタリティ」（おもてなし）や「科学コミュニケーション」にも通ずるところがあります。研究開発は、実験したり解析したりするだけで終わりではなく、それを誰かに理解してもらい、使ってもらうことが重要だからです。そして、このホスピタリティや科学コミュニケーションにゴールはありません。不断の努力と配慮が求められ、自分のレベルに満足した瞬間に驕（おご）りに変わってしまうからです。

それゆえ（ココが大事ですが）、**最初から100点満点を目指すのは止めましょう。**

あれ？ 何か身も蓋もない…？ いや、それでOKです。だって完璧を目指したら、後は減点にしかなりません。テストで99点取ったのに１点取りこぼしたことで落ち込んでる秀才君って、端から見たら嫌なヤツですよね。でも、プレゼンに苦手意識を持つ人って皆こんな感じで、100点満点目指し過ぎて自ら減点主義に陥っている傾向にあるような気がします。最初は70点くらいを目標にして、30点は落としてもしゃーない、できなかったことよりも、できたことをカウントしよう、くらいの気持ちで自然体でやってはいかがでしょうか。その方が、結果的に相手も満足する可能性が高いです。プレゼンの目的は

「プレゼンを上手くやること」ではなく、相手と実質的に有益な情報提供・情報交換をすることなのですから。

=3　=3　=3

…と、本書はこんな感じで進めていきたいと思います。全12幕で構成され、プレゼン資料の作成方法、発表や質疑応答の方法など、具体的な小技や小ネタも交えながら進めます。前半は日本語のプレゼンですが、後半は国際会議を想定した英語プレゼン対策も待っています。第２幕からは早速、プレゼン資料編に移ります。誠実性やホスピタリティを具体的に出すにはどのようにすれば良いでしょうか？

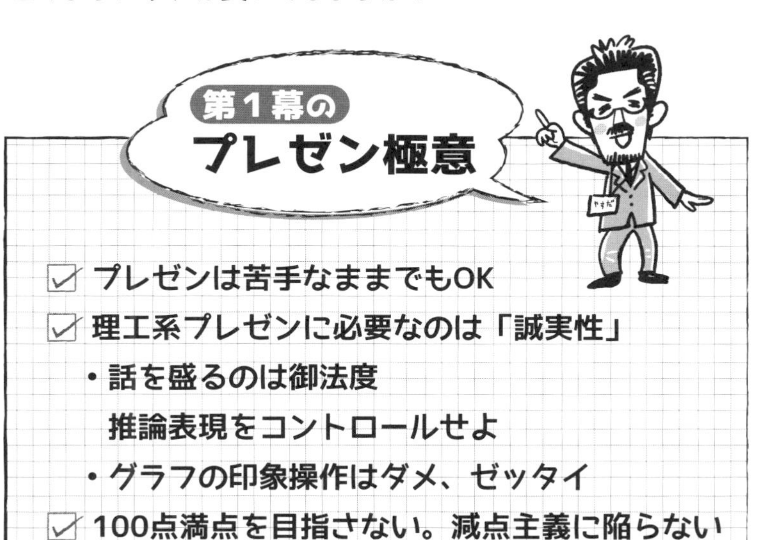

第2幕　プレゼン資料編　その1

プレゼンのストーリーは論理性が鍵

第1幕ではメンタル編として心構えや目指すべき方向性など、やや抽象的なことを書きましたが、第2幕以降はプレゼン資料作りなど徐々に具体的な方法論に入っていきます。

第1幕では、聴く人を魅了し見る人の視線を釘付けにするトークは、理工系のプレゼンでは特に求められるものではなく、内容（コンテンツ）と信頼性こそが重要と述べました。つまり、これからプレゼンをしなければならない皆さんが全力を尽くすべきなのは、俳優として一生懸命演技することではなく、脚本家として精緻（せいち）なプロットを作り上げることです。理工系のプレゼンでは、本番もさることながら準備も大事。ゆえにプレゼン資料編は、第2幕と第3幕の2回にわたりじっくりと作戦会議を展開したいと思います。

プレゼン作戦会議のミッションは、ジャングルで迷子にならないこと

プレゼン資料を作る段階の作戦会議で重要なのは、常に全体を戦略的に俯瞰し、プレゼンを聴く聴衆の気持ちになってみることです。聴衆は社長や部長、大学教授や学会のオーソリティ、あるいは顧客やライバル会社など様々なケースが考えられます。大抵の場合、多忙な中、ほんの少しだけ時間を取ってくれ

ジャングルで迷わないための作戦会議

たとか、沢山の発表の中のワンオブゼムに過ぎないとか、短時間でできるだけ効率良く情報収集をしたいと思っている人たちです。

一方で、あなたの方はプレゼンで提供したいネタは山ほどあるはずです。なぜその研究や開発に着手したのか？ 先行例や類似例は？ どのような実験・解析手法を用いたのか？ どのような一次データが得られ、それをどのように分析・考察・検証したのか？ その結果が社会にどのように影響を与えるのか？ など、おそらくプレゼンに至るまでの過程に詰まっているストーリーは一言で語り尽くすことはできないと思います。この

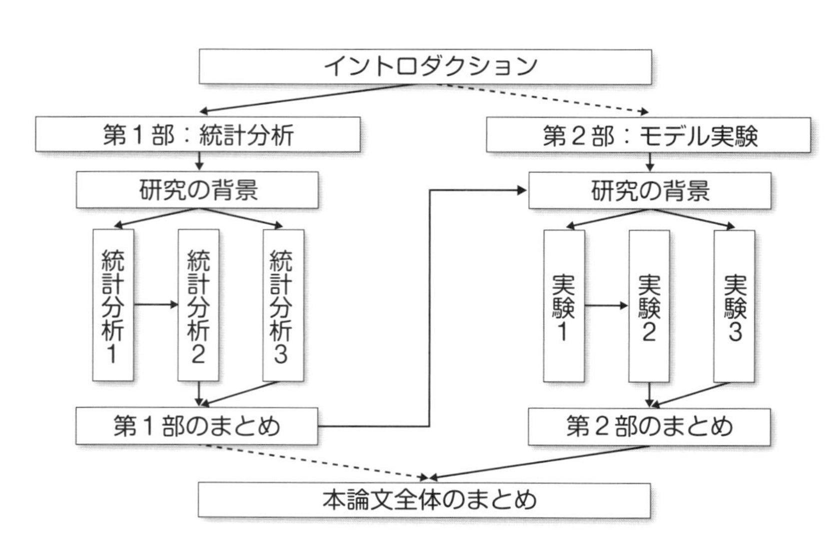

図1 プレゼンのコンテンツは複雑になりがち

ような**話者と聴衆との間の根本的なギャップをまず認識する必要があります。**

例えば、**図1**は筆者が昔指導した学生さんの論文の章構成図です（説明のためアレンジしています）。この論文の内容は、調査研究・統計分析からモデル実験まで多岐にわたり、２部構成の超大作になりました。章構成図も一見してジャングルです。彼の公聴会の持ち時間は、質疑応答も含め20分しかありません。さて、どうプレゼンすれば良いでしょうか？

プレゼンのストーリーは「起承転結」ではなく「起承結」

ストーリーの組み立て方として４コママンガなどを例に取り、「起承転結」が良いと言われることがよくあります。しかし、理工系の論文では「転」はむしろ避けるべきものであり、**シンプルな「起承結」こそベスト**です。起承結で効率良く、ストレートにゴールに辿り着くには論理性が重要です。より具体的には、

① **論理的優先順位をコントロールせよ**

② **論理的プロポーションをコントロールせよ**

③ **論理的流れ（帰納と演繹（えんえき））をコントロールせよ**

の３点です。以下、順を追って説明します。

論理的優先順位をコントロールせよ（枝葉は大胆に落とせ）

最初の作業は、大胆に枝葉を落とすことです。理工系の研究者やエンジニアは、多分にオタク的要素があるので（筆者もそうです）、同好の士を前に一旦スイッチが入ってしまったら止めどもなく喋りまくる傾向にあるかもしれませんが、いや、そこはちょっと待て、とあえてブレーキを掛けたいと思います。

仮に60分のプレゼン時間を与えられたら、ゆっくりじっくりゴールまでの道筋を辿っても良いかもしれません。しかし、たった20分の場合はどうでしょうか？ 前述のケースでは、**図２**のように思い切って論文の中でも最も重要な実験１と実験２のみに焦点を絞って（図中のプレゼンA）そこだけを丁寧に時間を取って説明することにしました。他の部分にも思い入れはあるかもしれませんが、短時間で無理に論文の内容をすべて詰め込もうとしたら、「結局、この論文では何が言いたかったの？」と言われてしまうリスクがあるからです。

ここで何を優先採用し、何を省略するかの判断は、やはり論理性に基づきます。基本方針は、**論理的に省略できるものは極力省略する**ことです。このケースの場合、実験１の結果を省略すると実験２の説明はできませんが、統計分析１～３や実験３は省略しても結論を導くことはできるため、このような選択をしています。ちなみに、惜しみつつも省略した統

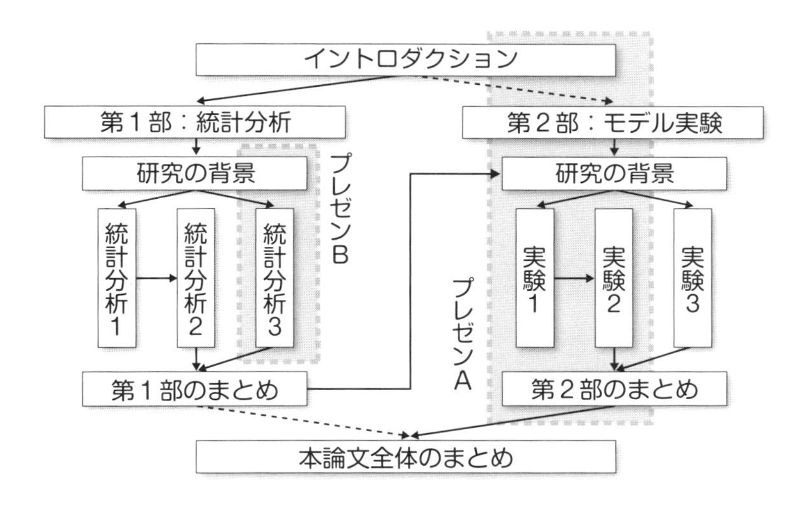

図2 複雑なコンテンツは大胆に枝葉を落とす

計分析３は、そこだけで独立して起承結のストーリーを組み立てられるため、別の機会にそのテーマ単独で10分の学会発表を行いました（図中のプレゼンB）。

このように研究・開発の成果が豊富で語るべきストーリーが多くなればなるほど、論理的な優先順位を考えて大胆に枝葉を落とすという、勇気と決断が必要です。そして、その決断はプレゼンを行うあなた自身が下すものなのです。決断には勇気がいりますが、そこはあなたのオリジナリティを発揮できる絶好のチャンスでもあります。「誰がやっても同じ」ではない、あなたならではのプレゼンは、実は発表本番ではなく、プレゼン資料の準備段階から作られるものなのです。

論理的プロポーションをコントロールせよ（大統領演説を見習え）

次のキーワードは、プロポーション（比率）です。「プロポーションが良い」という表現は、人間の体型に対してよく使われますが、元々は調和の取れた比率という意味であり、論文やプレゼンなどの論理的構成に対しても当てはまります。よくアメリカ大統領の一般教書演説で、ある分野に対して何分喋ったかといった数値がニュースになりますが、これはそのプロポーションが、演説全体の中でのその分野の重要度を示す重要な尺度になり得るからです。

大統領の演説ほどではありませんが、我々のプレゼンにおいても同様です。発表スライドの枚数の配分は、発表時間内の喋る時間配分、すなわち論理的重要度に比例します。実はこの配分こそ、効果的にプレゼンをするために事前に用意周到に作戦を練るべきポイントです。

一般に、プレゼン資料のスライドは１分当たり１枚が良いと言われています。10分の発表であればスライド10枚前後がベストで、これを目安にした方が良いでしょう。それよりも多過ぎるとコンテンツが多過ぎてジャングルで迷子になったり、後半急ぎ足でプロポーションが悪くなったりするリスクが高くなります。

特に前半の背景や実験方法にスライドを詰め込み過ぎると、

それだけで制限時間の大半を取ってしまい、肝心の実験結果が急ぎ足になってしまいます。これではまるで実験方法にアピールポイントがあり、実験結果は二の次です、と主張しているようなものです。少なくとも聴き手からはそう解釈されてしまっても文句は言えません。

では、発表時間10分が与えられて約10枚のスライドを用意する場合、背景や意義、実験・解析方法、結果、考察、まとめにそれぞれ何枚ずつ配分すれば良いでしょうか？ 仮に同じ話をするのに、発表時間が30分も与えられた場合はどうでしょうか？ このプロポーションに正解はありません。なぜなら、それはケースバイケースであり、**そのプロポーションを決めるのは、プレゼンをするあなた自身だからです。**

単純に、各パートを均等に割り振るという手もありますが、この配分は無難で大失敗が少ない一方、単調で凡庸になりがちというリスクもあります。なんとなく成り行きでとか、皆がやっているからとかではなく、やはり発表者自身がそのプレゼンで何をアピールしたいのかをよく考え、そこにスライド枚数と配分時間を割くべきです。実験のアイデアそのものをアピールしたいのか、新しい解析方法を開発したのか、得られた結果に意義があるのか、考察の独自性を主張したいのか、発表者自身による「自分はこのように論理的に判断した」という明確な意思決定が必要です（**図3**）。それがあなたならではのオリジナ

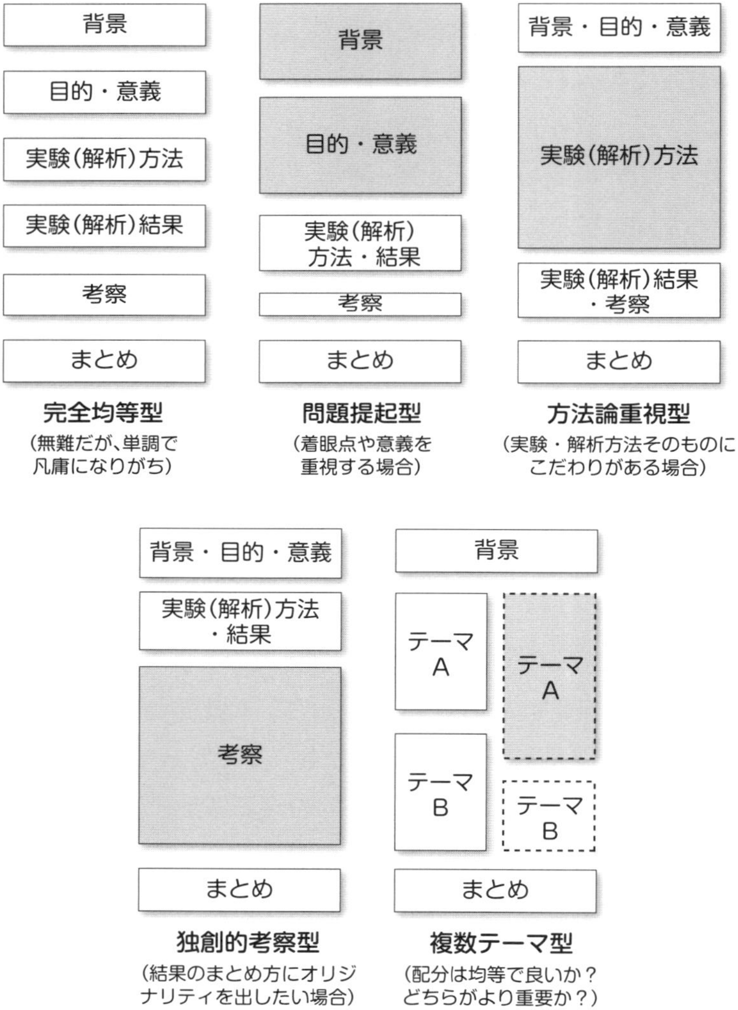

背景
目的・意義
実験(解析)方法
実験(解析)結果
考察
まとめ

完全均等型
(無難だが、単調で
凡庸になりがち)

背景
目的・意義
実験(解析)
方法・結果
考察
まとめ

問題提起型
(着眼点や意義を
重視する場合)

背景・目的・意義
実験(解析)方法
実験(解析)結果
・考察
まとめ

方法論重視型
(実験・解析方法そのものに
こだわりがある場合)

背景・目的・意義
実験(解析)方法
・結果
考察
まとめ

独創的考察型
(結果のまとめ方にオリジ
ナリティを出したい場合)

背景
テーマ
A
テーマ
A
テーマ
B
テーマ
B
まとめ

複数テーマ型
(配分は均等で良いか?
どちらがより重要か?)

図3 プレゼンにおける様々なプロポーションの例
(各ブロックの大きさはスライド枚数・発表時間配分に相当)

リティのあるプレゼンのための周到な作戦会議です。

論理的ストーリーをコントロールせよ（帰納と演繹）

最後に、ストーリー構成です。理工系プレゼンでもストーリーは重要ですが、それは波乱万丈お涙頂戴の物語ではなく、あくまで論理的な「話の流れ」です。**論理的な話の流れとはすなわち、帰納と演繹です。**

帰納法とは、具体的な個別事例から抽象的概念を導き出すための論理的推論方法です。高校数学で習った数学的帰納法は、nの時（個別事象）が真であるなら$n+1$の時も真であることを証明することにより、すべてのnに対して（すなわち普遍的に）真であることを証明する方法です。

一方、演繹法は「すべての人間は死すべきものである」「ソクラテスは人間である」「ゆえにソクラテスは死すべきものである」という三段論法のように、普遍的な前提からより個別の結論を得ようとする論理的推論方法です（**図4**）。

このように抽象と具象をつなぐ推論の方向性を押さえておくことは、もちろん論文や報告書を書く際にも必要ですが、他人を説得するためのプレゼンにおいてこそ、かなり役立つ有力なツールとなります。

例えば、林檎が木から落ちるのを見て、ニュートンが万有引

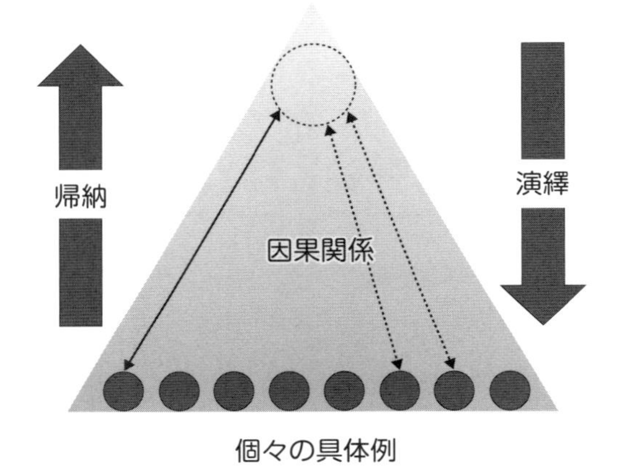

図4　論理的推論における帰納と演繹

力法則を思いついたというエピソードは、だいぶ省略と脚色があるものの、帰納的説明の良い例です。「実は宇宙の法則は…」などといきなり壮大な話を切り出されたら、相手もドン引きしかねません。その場合は、身近な個々の事例で「ああ、なるほど」と皆が思いつきやすいところから誘導するのは良い手です。ちなみに余談ですが、帰納法は英語で言うとまさにinductionです。

一方、一般論から入る演繹的説明の方がスムーズな場合もあります。例えば、いきなりDFIGなどと超具体的な専門用語を持ち出されても、「ああ、アレね！」と分かってくれる人はその分野の専門家以外にはいません。プレゼンの聴衆が専門家ばかりであればそれで良いでしょうが、そうでない場合は演繹的な説明が効果的です。

例えば、「一般に発電機には同期機と誘導機があり…」→「従来、風力発電には誘導機が使われており…」→「近年は、二次側からも電力の授受が可能で制御性の高い誘導機が開発されており…」→「最近の風車には二重給電誘導発電機（DFIG）が用いられている…」と、より上位の抽象概念から具象例へと焦点を絞っていく方が、親切で分かりやすい場合もあります。

帰納的説明と演繹的説明のどちらか一方に優劣があるわけでなく、テーマや聴衆、発表時間など状況に応じて使い分ければ良いですが、どちらを利用するにせよ、重要なのは、**なんとなく選ぶのではなく、確たる意志と戦略に基づいて方針を決める**ことです。

逆に言うと、聴いていてもさっぱり要領を得ず何を言いたいのかよく分からないプレゼンは、発表者自身が論理性という羅針盤を持たず、この具象と抽象の間を無自覚に行きつ戻りつし、複雑なジャングルに自ら迷い込んで方向を失っている場合が多いです。

あなたのプレゼンは帰納型なのか演繹型なのか、プレゼン資料を作る段階で明確な作戦を立てる必要があります。ちなみにこの第２幕は、図１のような具体例を提示してから一般にも応用できる方法を紹介するという帰納的説明を用いています。

=3　=3　=3

発表者が迷うと聴衆も迷う

以上、第２幕ではプレゼン資料を作り始めるにあたっての作戦会議として、論理的な優先順位・プロポーション・ストーリー構成について紹介しました。

第１幕のおさらいにもなりますが、理工系のプレゼンは、決してトークや演技で拍手喝采のスタンディングオベーションを目指すものではありません。静かに余韻が長く残る、簡素ながらも味わい深いプロットこそが必要です。**聴く人にとってスッと頭に入りやすい印象に残るプレゼンは、実は感動や驚きによるものではなく、よく練られた論理性によるものなのです。**

そしてその論理性は、プレゼンの資料作りの段階からあなた自身が意識してコントロールし、意思決定と決断を行うべきものです。またそれゆえに、あなたにしかできないオリジナリティを滲み出させることもできるのです。喋りが苦手でプレゼンが不得手だと思っていた人も、作戦司令本部やロジスティクスだったら得意な場合も多いと思います。あなたらしいプレゼンをぜひ。

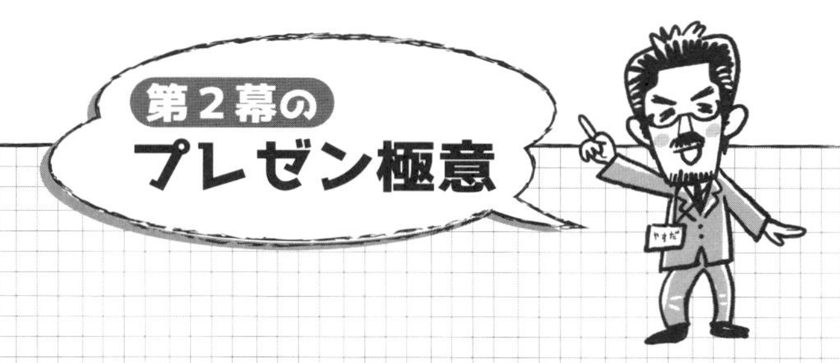

- ☑ プレゼンの成否は作戦段階にあり。演技より脚本が大事
- ☑ コンテンツはジャングルになりがち。最短ルートで迷わず出口を目指せ
- ☑ ジャングルで迷わないために、論理性をコントロールせよ
  - ・論理的優先順位をコントロールせよ
  - ・論理的プロポーションをコントロールせよ
  - ・論理的ストーリー（帰納と演繹）をコントロールせよ

第３幕　プレゼン資料編　その２

魅せるプレゼン資料で勝負！

第２幕では、プレゼン資料のストーリー作り、すなわち作戦指令本部のお話をしましたが、第３幕は実際のプレゼン資料作り、すなわちロジスティクス（兵站）部隊のお話です。これから複雑なジャングルの中に分け入るにあたって、どのような装備やアイテムを準備し適宜配備するか、裏方ながらロジスティクス部隊の仕事が重要になります。

本書全体を通じて何度も繰り返していますが、プレゼンの出来は最前線の俳優の演技や話芸だけで決まるわけではありません。脚本家や大道具・小道具・衣装・照明係がいてこそ舞台は成り立ちます。プレゼンは大抵の場合、準備から発表まですべて１人でこなさなければなりませんが、だからこそ、プレゼンに苦手意識を持つ人にとって、舞台裏の作戦指令本部やロジスティクスは自らをアピールする勝負どころになるわけです。

プレゼン資料は瞬間芸

第２幕でも述べましたが、プレゼン資料は１分１枚を基本とすると良いでしょう。全体構成は、何が重要なポイントかを考えながら、発表時間やプレゼン資料枚数の配分比（プロポーション）を決めていきます。では、資料１枚１枚をどのように見せれば良いのでしょうか？ 以下、具体例を元に見ていきましょう。

図１は以前、海外の電力市場の調査研究を行った際の学生さんのプレゼン資料素案です（多少アレンジしています）。一方、**図２**は筆者のアドバイスを受けて改善された第２次案です。さて、図１と図２ではどこがどのように改善されたのか（そして、なぜ改善しなければならないのか）お分かりでしょうか？

図１は、プレゼン初心者が（時にはベテランも）よくやるパターンで、報告書や論文で書いた文章をそのままコピー＆ペーストして書いてしまうやり方です。もちろん、文章そのものは間違っていません。報告書や論文は読みものなので、じっくりページを行きつ戻りつしながらフムフムなるほど…、と読んでもらうならこれで良いでしょう。しかし、プレゼンを聴く人がこのような資料をスクリーンで見せられたら、フムフムなるほど、とじっくり身を乗り出して読んでくれるでしょうか？ 答えはおそらくNOです。

プレゼンと報告書・論文とでは、情報伝達手段のコンセプト

- デンマークではコジェネレーションの普及が盛んである。そのほとんどが電力市場との通信機能を持っている。市場のスポット価格に合わせて、出力を調整し自動運転する。図のように価格が安い時は電気ヒーターで消費し熱供給を行い、価格が上昇するとガスタービンを起動させ売電を行う。

- 電力市場との通信が重要

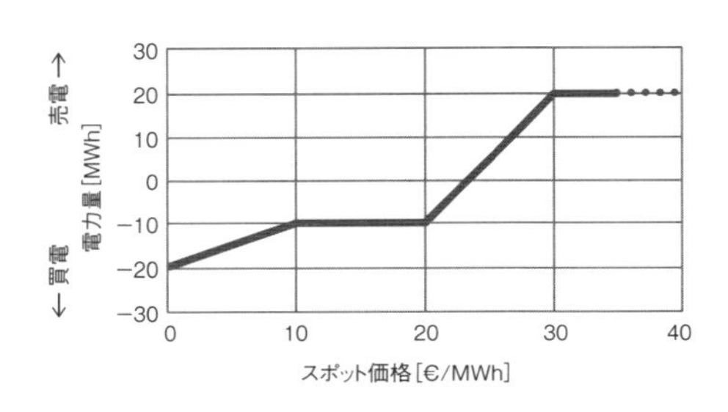

図1 プレゼン資料素案

デンマークのコジェネレーション

- 電力市場との通信機能
  - 市場のスポット価格に合わせて自動運転
- スポット価格：低
  - 電気ヒーターで消費し熱供給
- スポット価格：高
  - ガスタービンを起動させ売電
- 電力市場との通信が重要

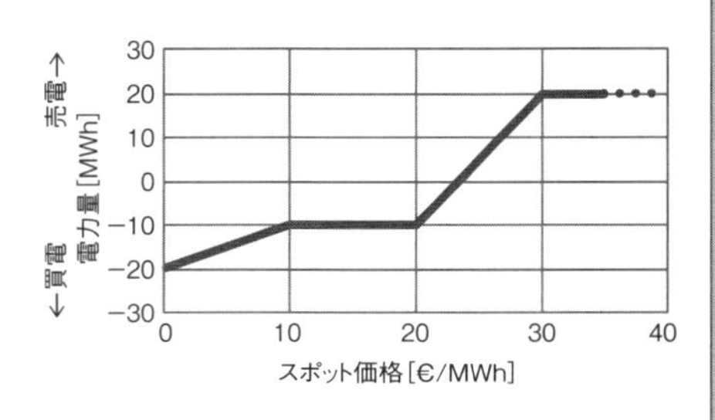

図2 プレゼン資料改善案

がまったく異なります。**プレゼン資料は読みものではなく、見せものです。**スクリーンに映し出された瞬間、「あ、なるほど！」と相手に分かってもらう瞬間芸でなければなりません。だいたい３秒くらいで「なるほど！」と思わせないと、聴衆は資料に何が書かれているのか理解するのに飽き、たちどころに興味を失うでしょう。「３秒」はさすがに大袈裟かもしれませんが、忙しいのに時間を作って参加してくれている社長や、朝から晩まで発表を聴いて集中力が落ちている学会のオーソリティをプレゼンの聴衆として想定するのであれば、それくらいの時間感覚を目標とするのが良いかもしれません。

もちろん瞬間芸といっても、これまで述べた通り、理工系のプレゼンは演技や話術を見せるものではありませんので、驚きや意外性は必要ありません。見る人にとって論理的にスッと頭に入るようにするためには、余計な枝葉は大胆に落とし（第２幕で述べたストーリー構成とまったく同じです）、ヴィジュアル情報を必要最小限に整理する必要があります。

図２は図１の改善例です。図１のダラダラとした長い文章の中から、**①重要なキーワードのみをピックアップし、最小限の助詞や接続詞でつなぎました。基本的に体言止め**です。また、**②箇条書きに並べ、文章の論理的構成にしたがって、階層構造**にしました。これだけでヴィジュアル情報としてはグンと情報量が少なくなり、かつ重要な情報が浮き上がってきます。

逆に、報告書や論文ではこのような書き方はNGです。読み

過剰装備では戦えません

ものとしての文章と、見せものとしてのプレゼン資料を、きちんと使い分けることが重要なポイントとなります。

 ちょっとした小石も拾う配慮

さらに図２の改善例では、③明朝体からゴシック体へ変更し、④フォントサイズも20ポイントから28ポイントに拡大しています（ここではＡ４横置きのスライドを想定しています）。明朝体は読む場合には目に優しい書体ですが、遠くからヴィジュア

ルとして見る場合には、細過ぎて判別しづらくなります。ゴシック体のような、やや太めでコントラストがくっきり出る書体の方がプレゼン資料には向いています。また、フォントサイズの大きさも重要で、**基本的に24ポイント未満の文字は遠くから見えないので推奨されない**、とお考えください。さらに、⑤**図もスペースが許す限り、できるだけ大きく**した方が良いでしょう。

フォントや文字サイズなんて、そんな細かいこと別にどうでもええやん！と侮るなかれ。このような「ちょっとした配慮」こそがプレゼンには重要です。文字が見づらい、長くて読むのが面倒くさい、聴衆はそんなちょっとした小石に容易につまずきます。そして、一度小石につまずくと、そこから先は興味を失って話を聞いてくれない…というのは、忙しくて気短な社長や教授にはよくある話です。聴衆の理解を妨げる、ちょっとした小石を可能な限り取り除いてあげる配慮が必要です。

アトラクティブな仕掛けを作れ

さて、図２はこれで完成形ではありません。図２の段階で見づらいという問題点は解消されましたが、やはりプレゼンの目的は「相手に理解してもらうこと」なので、可能な限りのホスピタリティがあるとベターです。それが**図3**です。図２と図３は一見ほとんど同じに見えますが、いくつかの点でちょっとし

デンマークのコジェネレーション

- 電力市場との通信機能
  - 市場のスポット価格に合わせて自動運転
- スポット価格：**低**
  - 電気ヒーターで消費し熱供給
- スポット価格：**高**
  - ガスタービンを起動させ売電

- **電力市場との通信が重要**

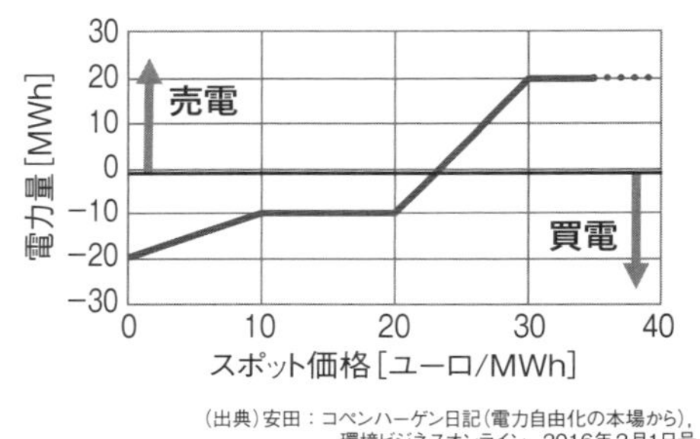

（出典）安田：コペンハーゲン日記（電力自由化の本場から），
環境ビジネスオンライン，2016年2月1日号

図3 プレゼン資料さらに改善案

た修正が施されています。間違い探しのようですが、どこかお分かりでしょうか？　この違いはほんのわずかです。間違い探しのノリで相違点を探すと、**(1)重要なキーワードにアンダーライン、(2)結論部の直前を一行空けて矢印挿入、(3)結論部のフォントを拡大、(4)図中文字の拡大、(5)参考文献の付与**、の5点です。これらは仮になくてもマイナス印象にはならないかもしれません。しかし､このようなきめ細かい配慮の有無が、忙しくて気短な社長や教授が３秒で理解するか、飽きて興味を失うかどうかの(そして、あなたの評価が決まる)分水嶺になるかもしれません。

(1)～(3)のアンダーラインや矢印、フォントサイズの拡大は、文字通り「見た瞬間に」目に飛び込んでくる効果的なヴィジュアルツールです。本書はモノクロ印刷なので例示できませんが、重要なポイントをカラー化することなども、聴衆の視線を自然と引きつけるアトラクティブな効果になります。ちなみに、英語のattractiveは「魅力的な」「興味をそそる」という意味ですが、物理や数学の用語としては「引力のある」「吸引的な」という意味もあります。

(4)の図中文字の拡大も、前述の読みものと見せものの違いと同じ発想です。報告書や論文に記載されているグラフや図表は「じっくり読み込む」ものですが、プレゼン資料はやはり瞬間的な理解が命です。特に市販の表計算ソフトのデフォルトのグラフ描画機能では、目盛りのフォントサイズが小さかったり、グラフ曲線のカラーが淡色でスライド投影すると見えなかったりなど、必ずしもプレゼンに適していないものも多いです。ここはやはり聴衆の立場に立って、可能であれば会議室や研究室などで実際に描いたグラフをプロジェクタに投影し、遠くから自分自身の目で確認しながらフォントサイズやカラーを何度も調整する、という作業が必要です。そのような地道な作業こそが聴衆への配慮となります。

(5)もホスピタリティの一種ですが、これだけ例外で引用元などの参考文献情報は12〜14ポイントで提示しています。その理由としては、引用元などは必ずしもすべての聴衆にとって興味がある情報ではなく、プレゼンの中で優先的にアピールし

遠くから眺めてみる

たい情報でもないからです。ただし、これをうっかり省略してしまうと盗作・盗用となってしまう場合もあり、また、論理的補強や説得性の観点からもこの情報は欠落させない方が良いでしょう。したがって、より高度な情報収集をしたい人だけ配布資料を見て、後で利用できるように、あえて文字サイズを落として付記しています（これは筆者の考え方で、他のやり方もあるかもしれません）。

多用は禁物。華美・過剰は逆効果

ただし、以上のようなアトラクティブなアイテムを多用することは、お勧めできません。心理学的には、人間は４つ以上の選択肢があると瞬時に判断できないとも言われ、このようなアイテムは多用すればするほど効果が薄れます。それゆえ、前述の（1）～（3）のツールは各ページで「ここぞ！」という所にのみ使うことをお勧めします。どんなに集中力が落ちて居眠りしそうになっている聴衆に対しても「これだけは覚えて帰ってく

主役はどこ？ スポットライトのあて過ぎ注意

ださい！」というメッセージを込めて、用意周到に作戦を練って効果的に技を繰り出すと良いでしょう。

巷のプレゼン指南書では、見た目重視のカラー化やポップなフォントの使用、ワンポイントイラストの添付が推奨されることもありますが、理工系プレゼンの場合、**華美で過剰なアイテムは論理性を損ない、かえって逆効果になるので推奨できません。**魅せるためのアイテムをどこにどれだけ使うべきかの判断基準は、やはり論理的であるべきです。

このように聴衆の理解を妨げるちょっとした小石を可能な限り取り除き、快く理解してもらうためには、演技ではなく舞台装置、すなわちプレゼン資料作成の段階での配慮（ホスピタリティ）が必要です。**理工系のプレゼンでは、魅力的なトークではなく、粋な小技で配慮の効いたアトラクティブなプレゼン資料こそ勝負どころなのです。**特にトークで相手を魅了する自信がない方こそ、このようなロジスティクス段階での配慮が武器になるでしょう。

=3　=3　=3

以上、図１～３とスライド資料の改善過程を見てきました。**図４**に全体をまとめます。

図３はさしあたりのゴールですが、これも完成形ではありません。余裕があれば、さらに高度な仕上げも目指してみてくだ

- デンマークではコジェネレーションの普及が盛んである。そのほとんどが電力市場との通信機能を持っている。市場のスポット価格に合わせて、出力を調整し自動運転する。図のように価格が安い時は電気ヒーターで消費し熱供給を行い、価格が上昇するとガスタービンを起動させ売電を行う。
- 電力市場との通信が重要

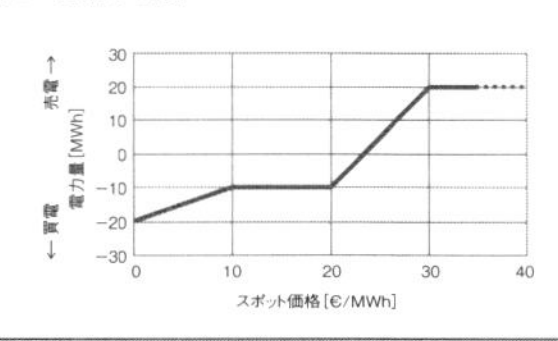

【読みづらい例】
- 文章をそのまま書くと冗長
- 文字が小さ過ぎ
- 明朝体は遠くから読めない
- 図が小さい
- 図中文字が小さ過ぎて読めない

デンマークのコジェネレーション

- 電力市場との通信機能
  - 市場のスポット価格に合わせて自動運転
- スポット価格：低
  - 電気ヒーターで消費し熱供給
- スポット価格：高
  - ガスタービンを起動させ売電
- 電力市場との通信が重要

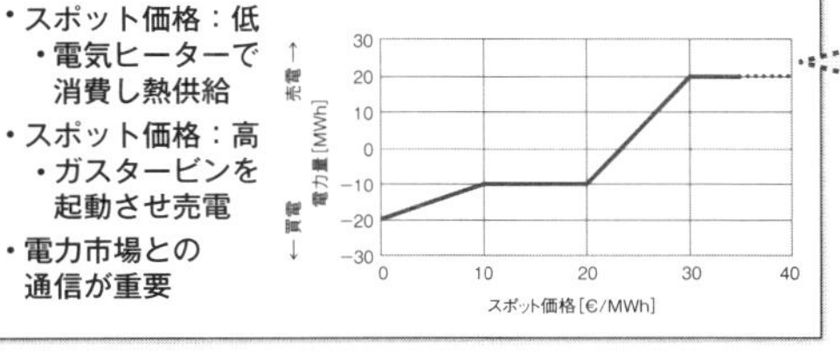

【改善例】
① キーワードのみ残して文字を削る
② 箇条書きにして階層構造に
③ ゴシック体が読みやすい
④ 文字は28pt以上が読みやすい
⑤ 図はできるだけ大きく

デンマークのコジェネレーション

- 電力市場との通信機能
  - 市場のスポット価格に合わせて自動運転
- スポット価格：**低**
  - 電気ヒーターで消費し熱供給
- スポット価格：**高**
  - ガスタービンを起動させ売電
- **電力市場との通信が重要**

電力量[MWh]
30
20
10
0
−10
−20
−30
売電
買電
0
10
20
30
40
スポット価格[ユーロ/MWh]

(出典)安田：コペンハーゲン日記(電力自由化の本場から)，環境ビジネスオンライン，2016年2月1日号

【さらなる配慮例】
(1) 重要なキーワードをハイライト
(2) 矢印で論理構造を強調
(3) 重要部分のフォントを拡大
(4) 図中文字はできるだけ大きく
(5) 引用元を必ず明記

図4 プレゼン資料の改善過程(これまでのまとめ)

さい。例えば筆者の場合は、一連の講演や講義のスライドにデザイン上の統一感を持たせるために、ゴシック体とはまた違うフォントで統一し、テーマ色も２～３色程度に絞って限定しています。また、場合によっては同じ内容のスライドでも、聴衆の層（例えば高校生、大学生、学会研究者、一般市民、産業界、政策決定者など）や興味（工学系、経済系、政策系など）に合わせ、用語選択や表現・構成を変える場合もあります。ここから先は作成者の趣味や方針もありますので、皆さん自身でオリジナリティのある方法論を編み出してください。

究極的には、スライド資料に完成形はありません。なぜなら、プレゼンのゴールは「いかに相手に理解していただくか？」であり、不断のホスピタリティが必要だからです。さらに、プレゼンはたった１回のノルマや恥のかき捨てでもありません。「君の話、もう一度聞きたい」と言ってもらい、また次の機会を獲得して情報共有を継続することこそ本当に目指すべきところであり、それこそがプレゼンの無上の愉しみなのです。

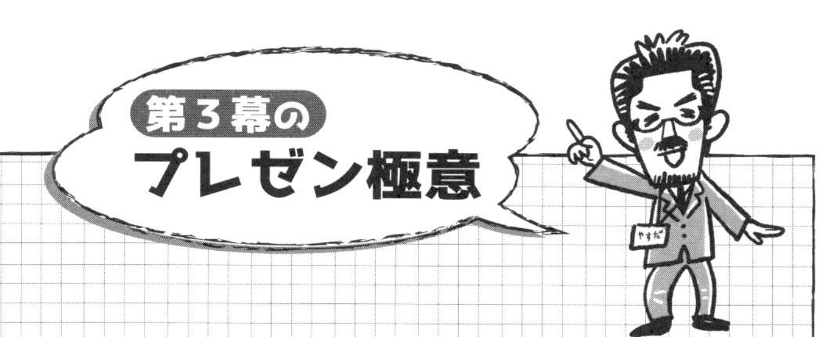

☑ プレゼン資料の作成はロジスティクス。舞台装置のセッティングが勝負どころ

☑ プレゼン資料は「読みもの」ではなく「見せもの」。３秒で相手を射止めよ

☑ アトラクティブな資料作りを心掛けよ

・論理的優先順位で情報をシェイプアップせよ
・箇条書きや矢印は論理的に
・アトラクティブなアイテムで視線を集めよ
・ただし、華美・過剰は逆効果

第４幕　口頭発表編

リハーサルを制すものが本番を制す

　さて、メンタル編（第１幕）、プレゼン資料編（第２、３幕）と続き、いよいよ口頭発表編です。ここまでの段階で、脚本（作戦本部）と舞台装置（ロジスティクス）が準備万端に整いました。さあ、いよいよ舞台本番、最前線の俳優の出番です。準備は完璧です。あとはミスなく頑張ろう！と、多くの方が思うかもしれませんが、ブブーッ！これが失敗のもと。悲しいかな、プレゼンが苦手な方に限って「ミスをしてはいけない」「ミスをしたらどないしよ…」と思ってしまいがちで、それゆえ萎縮して緊張して頭が真っ白になって…、とネガティブループに陥って結果的に最悪なケースに至ったりします。

　発想を逆転しましょう。プレゼンが苦手な方にこそ贈りたい言葉は、**「本番では多少ミスをしても全然OK！」**です。一見投げやりで無責任なアドバイスのように見えますが、実はこれは合理的なリスクマネジメント的作戦に基づいています。

第１幕で、「完璧主義や減点主義に陥らず、最初は70点くらいを目指しましょう」と述べました。仮に点数化するとしたら、論理的構成：30点、プレゼン資料：30点、発表：40点といった点数配分になるでしょうか。ここで論理的構成とプレゼン資料作りを頑張って、ほぼ満点を獲得できたとしたら、目標到達点まであと10点分発表で稼げば良いだけです。こう考えた方が気楽じゃないですか？

逆に、トークが得意な人が失敗するケースもこの理論で説明できます。彼らは、発表では40点満点取れるかもしれませんが、慢心して準備を怠ると、トータルとして60点ももらえない、なんてこともあり得ます。

人間、不思議なもので、ミスをするな！と強く思えば思うほど緊張して失敗し、ミスはしても良いと思うと、リラックスして伸び伸びできるものです。前線にはトラブルや予想外といったリスクは付きものです。自分が思った通りにことは運びません。苦手意識があったり、経験が浅かったりする場合、そのような不確実な状況で、**ミスをしないと想定すること自体が非現実的**です。現実的なリスクマネジメントとしては、ミスがあることをあらかじめ織り込んだうえで、**ミスをしてもリカバリーできる作戦を立てること**にあります。

以下、本番時の場あたり的な対処療法ではなく、本番直前のリハーサルについて、入念に作戦を立てていきます。

舞台での立ち振る舞いは大事

まず、これから舞台に上がってスポットライトを浴びる直前の心得として重要なのは、**「立ち振る舞い」を意識すること**です。例えば、演台に立った時の歩幅や足の角度はどうでしょうか？ 肩の力を抜いてリラックスして、長時間立っていられる自然な姿勢になっていますか？ 十分に胸を張って、顎を引いて、お腹から声が出せる正しい姿勢がとれていますか？ これらは、きちんと意識していないと、かなりルーズな場合が多いです。

視線も重要です。プレゼンが苦手な人ほど下を向きがちです。時々、聴衆にお尻を向けたままスクリーンに向かって喋り続ける人もいますが、これではコミュニケーションになりません。とはいえ、聴衆とうっかり目が合った瞬間頭が真っ白になってしまう、という人の気持ちもよく分かります。そういう場合は、会場の一番後ろの壁を見つめてください。大抵の場合、後ろの壁に時計や空調ダクトがあるので、その一点を凝視して喋ると、聴衆からは胸を張って堂々と喋っているように見えます。慣れてきたら、ちょっとはお客さんの顔を見ながら喋っても良いかもしれません。

緊張すると無意識に出る自分の癖を、自分自身で把握している人はあまり多くないかもしれません。例えば、しきりに髪を撫で付ける人、メガネを人差し指でクイっと上げる人、指し棒

後ろの壁を凝視すると堂々として見えるの術

やポインターを手でいじいじする人、「えー」「あー」「えっと」「てゆうか」など間投詞を見事に連発する人、まったくもって人それぞれで個性があります。が、プレゼン本番ではそれは封印です。これもリハーサル中に何度もチェックする必要があります。自分の無意識の癖は自分では気がつかないものなので、できれば同僚や先輩に立ち会ってもらい、指摘してもらうのがベストです。

このような**立ち振る舞いは、単純に何回か練習すれば体が覚えます**。たとえ緊張して頭が真っ白になっても、自動的に正しい姿勢で立ち振る舞い、悪い癖が出ないよう

無意識の癖はリハーサルで直せ

になるまで練習を積んでください。逆に、正しい立ち振る舞いができていなかったり、無意識の癖が出てしまうことは、聴衆の立場からは「あ、この人は準備に時間を掛けていなかったのだな」と取られる可能性が高いです。本番が苦手な方こそ、リハーサルに入念に時間を掛けてください。

時間を支配せよ

舞台に上がる前のリハーサルでは、前節の立ち振る舞いのような基本事項だけでなく、我々理工系プレゼンの華であるコンテンツの配分もチェックすべきポイントです。

プレゼン資料はおおよそ１分１枚が標準的ですが、この原則、初めてプレゼンをやる人が初めてリハーサルをすると、大抵の場合ボロボロです。あるスライドでは、あまり重要でないことを長々と喋ったり、別のところでは本当に必要なことをすっ飛ばして簡単に省略し過ぎたりと、バランスが悪いケースがよく見られます。これを修正するには、第３幕でも述べたように、論理的優先順位を冷静に考え、喋る時間の配分を練ると良いでしょう。

発表時間を遵守するためには、プレゼン全体で**時間配分のチェックポイントを設けるのがベストです。**例えば、5分、10分、15分などいくつかチェックポイントを設け、ストップウォッチを見ながら、その時点で所定のスライド枚数に達していなかった場合に、どのスライドの何の部分をスキップするか、論理的優先順位に即していくつかの選択肢を用意しておくと良いでしょう。これが、ミスをしてもリカバリーできる作戦のうちの１つです。

また、多くの方は緊張すると早口になる傾向があるので、リハーサルではできるだけ大きな声でゆっくり朗々と喋ることをお勧めします。１人でブツブツ原稿読みを繰り返しても、本番の時間配分とはまったく違ってしまうので、それはリハーサルとは言えません。研究室や会議室の一角を借りて、他の人に立ち会ってもらって、できるだけ本番と同じような状況で遠くの人に向かって喋る練習を複数回行った方が良いでしょう。

リハーサルは他人の目が必要

喋るスピードも、ただ原稿を棒読みするのでは、あっという間に聴衆の眠気を誘います。立て板に水の如く、常に一定のスピードと抑揚で喋るということは、聴衆にとってどこが重要なポイントか分からず、論理的流れや論理的重要性を撹乱させるマイナス効果でしかありません。

中には制限時間を気にし過ぎてスライドを機械的にビュンビュン飛ばす人もいますが（特にパソコンを遠隔操作できるレーザーポインターを使うと、その傾向が加速されます）、スライドのページめくりも、できれば十分「間」を取って、スクリーンに映し出されたグラフや図表を「聴衆と一緒に見る」瞬間を作るという余裕も必要です。

この「間」を意図的に作ることは、時間をコントロールするうえでも実に有効な手段です。今まで喋っていたのに突然沈黙の瞬間が訪れると、居眠りしていたり内職していたりする聴衆もハッと顔を上げさせる効果があります。発表者本人も、間を取ることにより冷静さと自分のペースを取り戻すことができます。

逆に間を取る余裕がないほど、いっぱいいっぱいということは、制限時間内に喋る情報量を詰め込み過ぎている可能性もあります。この場合の対応策は、できるだけ早口で喋ること…、ではなく、論理的優先順位に基づいてスライド内の情報量を落とす、スライドの枚数を減らす、などが最善策です。このように、リハーサル時に何度もフィードバックしながら作戦を立て直すことが肝要です。

メモは有効か？

ところで、リハーサル中に(あるいは本番中にも)メモを見ながら喋っても良いか？ という質問をよく受けます。筆者の多少個人的な見解も交えながら回答すると、「メモを見ながら喋るのは超高級テクニックで、初心者はかなりの確率で大失敗するから、まず止めておいた方が良い」となります。発表に慣れてないからメモを見たいという人もいますが、逆です。**発表に慣れていないうちは、メモは使うな**、です。

実際、メモを見ながら格好良く喋るのは至難の技です。メモに目を落とし、顔を上げ聴衆に向かって喋り、またメモに目を落とし、次の喋るべき場所を瞬時に探し出す、これを格好良くやるには相当の訓練と経験と年季が必要です。初心者がやると、メモを見ながら俯いたままボソボソと喋るか（やる気のない大臣の心のこもらない演説を想像してください）、メモから目を離した瞬間、どこを読んでるのか分からなくなってパニックになるか、どちらかです。

幸い、理工系のプレゼンは、スライドを投影しながらのプレゼンがほとんどなので、実はプレゼン資料こそが自分自身に対してのメモ代わりになります。第２幕で、スライドには文章ではなく論理的優先順位でキーワードをピックアップして並べよ、と述べました。つまり、スライド資料は情報の圧縮ファイルです。発表時にはそれと逆の操作（解凍）を行います。すなわち、スライドに書かれたキーワードから、頭の中で文章を再構成して、そのまま喋れば良いだけです。

スライドには重要なキーワードがすでに書かれているので、たとえ緊張したとしてもそのキーワードをうっかり忘れてすっ飛ばすようなミスの確率はうんと少なくなります。重要なキーワードやコンテンツを提示できてさえいれば、多少噛んでも文法が間違っていても相手に伝わります。逆にリハーサル時にうっかり重要なことを言い忘れたとしたら、それはスライド資料の情報提示が論理的でない可能性があるので、その時点でスライド資料を見直すべきです。これが**小さいミスは気にせず、大きいミスを防ぐためのテクニック**です。

質疑応答こそ、プレゼンの華

最後に、質疑応答対策についてです。本番で、発表が無事終わってホッとするのも束の間、学会ではその後、直ちに質疑応答が続きます。社内プレゼンでもおそらく矢のような質問が待っているでしょう。プレゼンが苦手な方が最も苦手とするのが、この質疑応答かもしれません。

質疑応答に苦手意識を持つ方が多いのは、「自分はトークが下手だから質疑応答ができない」「瞬間的な受け答えが超苦手」と思い込んでいるからではないか、と筆者は考えています。芸能人の記者会見であれば機転の効いたトーク術も必要かもしれませんが、やはりここは、「理工系プレゼンに求められるのは何か」という原点に立ち返らなければなりません。

理工系のプレゼンは、客観的に得られた事実(ファクト)を伝えること、しかもそれを論理的に説明することです。したがって、直感的なその場の思いつきや機敏なひらめきは実はまったく必要ありません。むしろ、**質問に対しては、あらかじめ用意されたもの以外は基本的に答えられない、と考える方が自然**なのです。「あらかじめ用意されたもの」とは、もちろん想定質問集です。そしてそれは、プレゼン発表者のあなた自身が事前に準備して、リハーサルの段階で繰り返し練習して、用意周到に作戦を練っておくものです。

どんな質問が来るのかさっぱり分からない、と不安に思う方もいるかもしれませんが、大抵の場合、質問者も論理的に攻めてくるので、実はかなりの程度でパターンが決まっており、事前に予想ができます。

一番多い質問は、「**なぜあなたは○○というテーマ/手法/対象を選んだのか？**」という研究目的や動機・手法に関する質問です。これは質問者にとって最もお手軽で、誰に対してでも同じ質問ができるからですが、この手の質問は根源的問題なので、もし事前に答えを準備していなかったとしたら一発で撃沈してしまいます。これをトークで無難に切り抜けようとしようものなら、論理的な矛盾をさらに厳しく追及されるハメになります。むしろ、このような質問は当然来るものと想定してしっかり準備をし、質問が来たら心の中で「よっしゃー！キターっ！」とガッツポーズして「ご質問、ありがとうございます」とニッコリ笑顔で答えるくらいの方が良いでしょう。

そのほか、「**得られた成果は今後どのような分野に応用可能か？**」といった波及効果や「**今後の計画は？**」といった研究発展に関する質問もよくあるパターンです。単純に「**○ページの×××という用語/概念はどういう意味か？**」などの基本知識を問う質問も、他分野の方が聴いている場合や、卒論・修論などの教育的諮問の場では出やすい質問です。これらもあらかじ

想定質問がドンピシャ来ると快感

め自分の言葉でスラスラと(あるいは朴訥でもいいので)答えられるよう準備しておかないと、本番で咄嗟に答えが出てくるものではありません。また、スライド中の論理的飛躍、不明瞭な点が質問に挙がることも多いですが、それはできるだけスライド作成の段階で穴を防いだり、小石を除いたりする努力(ホスピタリティ)でカバーできます。

一番厄介なのが、**「Aという条件が考慮されていないが、それはなぜか？」「他の論文ではBという手法が取られていたが、それに対する優位性は？」「C方式で行った実験/解析と結果が微妙に異なるのはなぜか？」**などといった形で、プレゼンの中で発表者が言及していない情報を持ち出してくる質問です。これらのA〜Cの情報は、「この分野の関係者であれば知っていて当然」という場合が多く、本来スライド作成の段階で（さらには、もっと遡って研究・開発の着手時に）文献調査しておくべき情報です。万一このような情報を知らなかったら、さすがにこれはどんなにトークに自信がある人でも即興で答えることはまず不可能です。

このようなA〜Cの情報は、事前に知り得ていたら想定質問の中に織り込むべきですし、そうでない場合は、「申し訳ありません。その点については調べていませんでした」と正直に答えるのが最も誠実な対応です。

知らないものを知らないと答えるのは、ミスでも恥でもありません。情報収集不足は今後の反省点としつつも、「ご教示ありがとうございます」「今後、ぜひ検討してみたいと思います」などと、自分が知らない新しい情報をもたらしてくれた人に素直に感謝すべきでしょう。それが真の意味での質疑応答（情報のキャッチボール）です。逆に、知ったかぶりや、うろ覚えで答えてテキトーに「話を盛る」と、研究者/エンジニアとして信用されず、致命的な烙印を押されることになります（第１幕参照）。

なお、**質問に対する回答はできるだけ短く、一言二言、あるいはワンセンテンスで答えるのがベスト**です。その場の思いつきであれこれ考えれば考えるほど回答が長くなり、回答が長ければ長いほど論理が破綻してボロが出やすく、印象が悪化します。短く的確で論理的に「おお、なるほど！」と質問者を満足させる回答は、やはり事前準備なしには不可能なのです。

以上のように、質疑応答集はリハーサル段階で事前に用意しておくべきものだということさえ押さえれば、本番の質疑応答も気が楽になると思います。ワープロでリストアップしても良いですが、一番良い手はプレゼン資料の末尾に回答文やグラフを貼り付けた予備スライドをあらかじめ作っておいて、質問が出たら「はい！待ってました！」とばかりにそのスライドを提示することです。発表時間の関係で惜しくもボツにしたスライドも、質疑応答用として役に立つはずです。

=3　=3　=3

さあ、これでリハーサルも準備万端です！後は本番でミスをしなければ…、ではありませんね。多少のミスは全然OKです。緊張して頭が真っ白になってもいいのです。なぜなら、それでも大丈夫なように作戦会議や準備を積み重ねてきたわけですから。機転の利く軽妙なトークではなく、ゆっくりじっくりマイペースながらも周到な作戦と地道な準備こそが、プレゼンが苦手な我々の戦い方です。プレゼンの最終目的は、「プレゼンを上手くやること」ではありません。論理的で誠実な情報提供・情報交換こそが、プレゼンの本来の意義であり醍醐味なのです。

さて、これで入門編としての日本語プレゼン編はおしまいです。次の第５幕からは上級編として、いよいよ国際会議を想定した英語プレゼン編です。

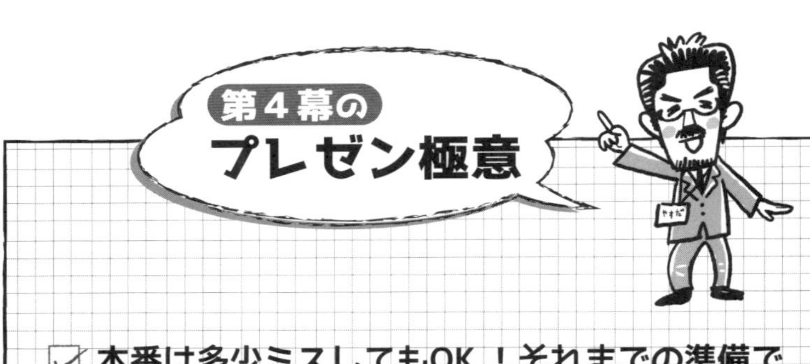

- ☑ 本番は多少ミスしてもOK！それまでの準備で貯金を作れ
- ☑ リハーサルを制するものが本番を制す
  - 立ち振る舞いは大事。リハは他人の目が必要
  - 「間」を上手く使い、時間を支配せよ
- ☑ 質疑応答こそプレゼンの華
  - 想定質問はパターンを読み、事前に準備せよ
  - 知らないこと、答えられないことはミスではない
  - やはり最後は、誠実性とホスピタリティが大事

Breaktime

街角で突然始まる質疑応答

日本では昨今、街中で知らない人に突然声を掛けられると皆、警戒心ピリピリですが、日本より治安が決して良いわけではない海外の方が、わりとフツーに知らない人に声を掛けても OK なように思われます（例外は関西のおばちゃん）。

筆者は、スペインのバスの中で、たまたま隣に座ったおばちゃんにアメをもらったり、イタリアの高速列車の中で、ハイソな若夫婦に声を掛けられて、“Are you from Japan? Recently we got green tea powder. How should we drink it? Is sugar suitable?” とか突然難題を振られたこともあります。欧州では、どこの国でもタクシードライバーは、それなりにカタコトの英語が喋れて、かつフレンドリーな人が多いので、“Where are you from?” “How long do you stay?” “Business or holiday?” と、英会話学校通りの素朴な質問責めにあったりします。ロンドンやパリの地下鉄の階段で、スーツケースや乳母車を持って立ち往生している女性がいたら、誰しも “Do you need some help?” と気軽に手を差し伸べますが、私も先日これをうっかり東京駅でやったら、むっちゃ警戒されて早足で立ち去られてしまいました（グラサンをかけてたから特に…？）。

海外で突然喋り掛けられてアワアワ…となった体験をお持ちの方も多いと思いますが、それは大抵の場合、英語が苦手というよりは、**単純に慣れてないだけ**だからではないでしょうか。中学英語で十分 OK な程度の短い会話フレーズですが、日頃日本語でも使う機会がなければ、やはりとっさに受け答えできません。まさに「習うより慣れよ」です。

第５幕　英語プレゼン・懇親会編

懇親会こそ国際会議の華

さて、第５幕から英語プレゼン編がスタートします。英語での発表、シンドイですよね。筆者も実は留学や在外研究経験はなく、英語は得意な方ではありません。今でこそまあまあ場慣れしましたが、最初の頃は、夏休みを丸々つぶして泣きながら国際会議の準備にあてたりしていました。何事も経験を積むことが大事です。本書の後半は、上級編という位置付けで、多くの方が超々苦手な英語プレゼンを攻略していきたいと思います。

というわけで、英語プレゼン編は早速、「懇親会編」から始めます。えっ？ 発表準備もプレゼン本番も終わってないうちからいきなり懇親会ですか？ そうです！懇親会（ガラディナー、もしくはバンケット）こそ国際会議の華なのです！

時差ボケで疲れたからとか、明日発表があるからとか、観光に行きたいからとかいう理由で懇親会をパスする日本人も多いですが、懇親会に出ないということは、せっかくの国際会議の意義が半減します。いやいや、ジョークやネタではありませんよ…。懇親会、ほんまに重要です。

懇親会やコーヒーブレークは、情報交換の主戦場

これまで日本語プレゼン編でもお伝えした通り、プレゼンの目的はプレゼンを上手くやることでも「プレゼンをした」というアリバイを作ることでもありません。真の目的は情報交換であり、また情報交換を継続することにあります。

国際会議に参加するには、かなりのコストが掛かります。参加費は結構高いです。海外で開催の場合、出張旅費もかなり高額になります。何のために会社の上司や研究室の教授は、あなたに予算を与えてその会議に参加させているのでしょうか？もちろん研究成果報告の実績として、また、あなたという人材の育成のためもありますが、一番の目的は**有益な情報を交換してくること**、さらに今後も有益な情報交換が継続できるよう**海外人脈を作ってくること**なのです。

もちろんプレゼン本番も大事ですが、こちらの言いたいことだけを一方通行で押し付けても、相手に本当に伝わっているかどうか分かりません。また、プレゼン本番での質疑応答は大抵5～10分程度しかありません。もし研究に関して深いディスカッションをしたいのであれば、質疑応答の時間だけでは圧倒的に足り

ないのです。ゆえに懇親会やコーヒーブレークは真の情報交換の主戦場になります。懇親会での情報交換は、決してオマケではないのです。

ここで「いやいや、僕はトークが不得手なので…」「そもそも英会話が超苦手で…」という声も聞こえてきそうですが、そこはちょっと待て。逆転の発想が必要です。もしあなたが人と喋るのに苦手意識を持つ(今どきの言葉で言えば「コミュ障」っぽい)のであれば、英語はそれこそ絶好のチャンスです。日本語ではボソボソと暗い感じで喋る人が、英語になると明るく陽気に喋り出すケースや、英語で喋る時と日本語の時とで人格が変わるよね、と言われる人も多いです(筆者もそうかもしれません)。**人生リセットするより、言語をリセットした方がはるかにお手軽です**。しかも可逆的。

英会話に苦手意識を持つ人も、その理由は単純に慣れてないからという理由が多く、このような国際会議の懇親会で「場数を踏む」こと自体が、苦手意識を克服するための最も早い近道です。

まあ、精神論だけで竹槍で突撃しても意味がないので、以下、具体的に懇親会攻略のための小技を展開していくことにします。

どの席に誰と座るか？ そこから勝負が始まる

懇親会、どの席に誰と座りますか？ まずはそこから始ましょう。

筆者が国際会議の懇親会で心掛けていることは、**日本人席にはなるべく座らない**、ということです。国際会議の懇親会は丸テーブルの自由席の場合が多く、大抵８～10人程度が着席することになります。左右両隣あるいはテーブルの過半数が日本人だったりするとホッとするからそこに座る…のではなく、そこはせっかくの国際会議の場なので、より有益な情報交換をするために、そのようなテーブルはできるだけ避けましょう。

筆者が普段よく使う手は、懇親会の始まる前、あるいはその直前のセッションで、意中の人（興味深い論文を発表した人っていう意味ですよ！）にあらかじめ話し掛け、その流れで懇親会で一緒の席に座って話を続ける、というパターンです。例えば、

I am very happy to meet you, 'cause I read your book on A.

あなたのAについての著作を読みました。お会いできて大変嬉しいです。

I am very impressed with your paper/presentation.

あなたの論文/発表に非常に感銘を受けました。

Could I ask some questions about your paper?

あなたの論文に対していくつか質問してよいでしょうか？

How about discussing this issue during the dinner?

懇親会でこの話を続けたいのですが。

意中の人を射止めるの術

などと会話を切り出すのはどうでしょうか。日本語に訳すと超恥ずかしいストレートな表現になってしまいますが、そこは英語なのでOK。日本語的マインドと英語的マインドのスイッチを切り替えましょう。それゆえ、日本語と英語で人格が変わることはよくあることなのです。

別のパターンとしては、わざとゆっくり遅れて行き、辺りを見渡して空いている席に座る、という手もあります。その場合、知り合いの日本人を見かけたとしてもそこには近寄らないことが鉄則です。上司や指導教員と目が合いそうになったとしても、そこは華麗にスルーです。

選ぶテーブルとしては、国籍や民族、年齢や性別が適度に混在している席がベストです。ここで、若い方は若い方同士の方が話が合う、と思いがちですが、英会話の場合は実はそうでもない、ということを頭に入れておく必要があります。

筆者もかつて経験がありますが、ネイティブスピーカー（母語者）の学生さんなど若い方は、非英語話者と喋る機会が相対的に少なく、早口だったりスラングを連発したりするケースもあります（彼らも決して悪気があるわけではないので、ついていけない話があったとしても気に病む必要はありませんが）。

むしろ年配の老教授の方がこちらに合わせてゆっくりと綺麗な英語を喋ってくれるので、世代を超えて話が合うという場合もあります。あるいは、ドイツ人やデンマーク人のような非英語話者の方が、少ない語彙で正しい文法を使ってくれる傾向にあるので、むしろ話しやすいかもしれません。

Small Talkを侮るなかれ

知らない人同士のテーブルに着く時は勇気がいりますが、例えば、

Hi. Can I sit here?
　やあ、ここ座っていい？
Are you enjoying the dinner/ conference?
　懇親会/会議、楽しんでますか？

などと軽く会話を切り出して席に座ると良いでしょう。これも日本語に訳すと、まるでナンパしているような感じですが、英語では全然OK。

ここで最初に両隣(できれば向こう三軒両隣)の人と目を合わせ、ガッチリ握手をしておくと、後の会話がスムースです。“Hi, (I’m) Yoh Yasuda from Japan.” などと自己紹介しながらでもいいですが、とっさに言葉が出なくても**握手だけは最初に必ずしておくことが必須です。**逆にうっかりこの握手をスルーしてしまうと、次の会話の切り出しが、ますますやりづらくなります。初戦突破が肝心肝要。

喋りが苦手な人は、どのような会話を切り出せばいいのか悩むことが多いですが、逆に英会話では、何でもOKでむしろ気楽です。例えば、

Which company/university do you work for?
　どちらの会社/大学にお勤めですか？
Which field do you research?
　どの分野をご研究されているのですか？
Have you finished your presentation?
　発表はもうお済みですか？

と、研究や仕事の話をしても良いですし、

It's a nice day today. / Unfortunately, it's steady rain.

今日はいい天気ですね。/ 残念ながら雨が降り続いてますね。

This city is beautiful. I have become to like it.

この街は美しい街ですね。気に入りました。

Did you go sightseeing? What is your recommendation?

観光には行かれましたか？ どこがお勧めですか？

I like the dish. What do you call it in English/your country?

この料理、美味しいですね。これは英語で/あなたの国では、何と言うんですか？

といった具合に、天気や観光や料理のことから軽く会話を始めても良いかもしれません。タイミングはいつでもOK。基本的に中学英語で全部事足ります。

日本語だと、初めて会う人にいきなりこれを切り出すとドン引きされかねないシーンですが、英語ではこのような Small TalkやConversation Starterはむしろ当たり前の文化なので、やはりそこは頭を英語にスイッチして果敢に攻めるべし、です。「コミュ障」の人ほど、英語は向いているかもしれません。いや、ほんまに。

Good Interviewerになろう

日本語会話の感覚では、こちらから話を切り出すのはハードルが高い、と考えている人も多いかもしれませんが、英会話の場合(特に英会話が慣れていない人ほど)、こちらから話を切り出して質問を連発する「攻め」の姿勢の方が結果的にラクになります。なぜならば、質問は前述の例文のように研究の話でも観光の話でもワンセンテンスで済みますが、それに対する回答は大抵の場合、圧倒的に長くなるからです。

相手の方が話好きであれば、こちらは少ない語彙と短い文章だけで会話が続くので、むしろ好都合です。研究の話であればなおさら、自分の論文や発表に関心を持ってくれていくつも質問をされるのは研究者として大変光栄で、この手の会話を喜ばない人はいません。質問上手なインタビュアーになりましょう。

例えば、前述の研究についての話を続けたいのであれば、

What does the terminology/concept B mean?

Bという用語/概念はどういう意味でしょうか？

Why did you choose Method C instead of Method D?

なぜD手法でなくC手法を使ったのですか？

Did you check it by Method E?

E手法は試しましたか？

などと質問するのが良いでしょう。…あれ？ これって、第4幕（日本語プレゼン・口頭発表編）でやった想定質問集と一緒ですよね？

そうなのです。質疑応答にはパターンがあるというのと同様、研究に関する英会話もバッチリとパターンがあります。

そして、質疑応答で「事前に想定したもの以外は基本的に答えられない」と述べたのと同様、英会話でも事前に想定していないものを、とっさに頭の中で英作文するのは至難の技です。ゆえに、あらかじめパターンを想定して、いくつかのセンテンスを覚えるだけで、相手を喜ばせる質問上手なインタビュアーにあなたもなれるのです。

このパターンは、観光や料理に関するSmall Talkでも一緒です。例えば、

Did you go to Castle Z, (which is) the most famous landscape in this city?

この街で一番有名なZ城にはもう行かれましたか？

I like watching football. Team Y in this city is strong this season, isn't it?

私はサッカーが好きなんですが、この街のYチームは今年は強いですね。

What kind of dish do you like most in this country/Japanese food?

この国/日本の料理で一番好きなものは何ですか？

How many times did you visit the city/country?

この街/国には何回来たことがありますか？

When will you leave after the conference?

会議が終わったら、いつ帰られるのですか？

このように、いくつかのパターンとテーマを組み合わせるだけで、ほぼ無限に質問を続けることができます。

日本語会話だと、このような会話は素朴過ぎて敬遠される傾向にあるかもしれませんが(ウザ〜とか、ダサ〜とか)、むしろ英会話の方がこのような気軽なSmall Talkを楽しめます。日本で「空気を読む」のに疲れきった方こそ、是非。

あなたもあいづちの達人に！

もちろん、こちらの一方的な質問ばかりだと相手も気を悪くするので、適度に会話のキャッチボールをすることも重要です。**会話のキャッチボールのためには、あいづちをコントロールすることが肝要**です。

このあいづち、国語の時間でも英語の時間でも、誰も何も教えてくれません。しかし、これもやはりパターンと攻略法が確実に存在します。

例えば、「日本人は“a-ha”ばかり言う」と言われることもありますが、これは何も“a-ha”が悪いのではなく、そればかり連発するからです。“a-ha”は日本語でいえば「ふーん」に相当します。「ふーん」ばかりの返答だったら、「ねぇ、アナタ、私の話ちゃんと聞いてるのっ？」と、愛情の冷めきった夫婦の会話のようになってしまいます。あいづちとは、「あなたの話、興味深いです。もっと続けてください」と言うシグナルなのです。シグナルが単調であっては相手も当然楽しめません。

相手の言うことに関心を示したり同意や関心を示すあいづちとしては、以下のようなものがあります（以下、発音時にはアンダーライン部分を強調）。

Sure.　確かに。

I see.　なるほど / 分かりました。

Indeed.　まったくです。

That's right!　そうですね！

Exactly!　その通り！

I didn't know that!

それは知りませんでした！

【現在形で“I don't know.”（知らない）だと、無関心を表すので要注意】

Ah, I've heard about it.

ああ、聞いたことがあります。

このようなカードを何枚か用意しておいて、適切なタイミングでビシっとカードを切る！ …そう、あいづちとは、いくつかの手持ちのカードをどのタイミングで切ればベストか、というカードゲームなのです。タイミングが絶妙にドンピシャ合えば快感で、自分も嬉しいし相手も喜びます。これこそが本来の英会話の愉しさなのですが、どうして学校ではこれを教えてくれないんでしょうかね。

ちなみに、いったん英会話であいづちのカードを収集できると、日本語会話でも応用できます。日本語での会話が苦手な方は、実はこのあいづちができていないケースが多いのです。人とのコミュニケーションに苦手意識を持っている人こそ是非、

あいづちはカードゲーム

英会話から先に楽しくカードゲーム感覚でマスターしてはどうでしょうか。

※本書巻末にあいづちカードを付けましたので、ご活用ください

リスク管理としての言い直す技術

もう1つ、英会話で重要なことは、**「言い間違えてもOK！」「聞き取れなくてもOK！」**ということです。多くの日本人はとかく完璧主義で、完璧な文法を操りすべてのセンテンスを寸分たがわず聞き取れないと、そこでアウト！という危機感を持っているかのようです。

この完璧主義って…、第1幕でも見た通りですが、完璧主義でミスを極度に恥じるゆえに過度に苦手意識を持ってネガティブスパイラルに陥る人って多くないでしょうか？

仮に英会話において「ミスをしないこと」を目的関数に設定してしまうと、最も簡単で確実な方法は「できるだけ会話をしないこと」という局所解に陥りがちです。ギャグのような詭弁論法ですが、現実には綺麗な英語を話すビジネスマンでもこの論法を忠実に実行している人を筆者は何度も目にしています。

ミスはしてもOKですし、言い間違えても良いのです。重要なのは、ミスをした場合でもそれをリカバリーするリスクマネジメントの方法を身につけておくことです（第4幕で述べたコンセプトと共通です）。これも残念ながら学校では教えてくれ

ません。以下にその方法論を列挙します。

例えば、訂正の表現は次のようなものがあります。

Sorry, I made a mistake.

すみません、間違えました。

I meant P (rather than Q).

(Qではなく)Pって言いたかったんです。

【過去形を使うのがミソ】

I didn't intend to say so.

そう言うつもりではありませんでした。【didn'tを強調】

もちろん、状況によって軽く"sorry"を付け加えたり"I apologize"と丁寧にお詫びしたりすることも重要ですが、単に謝ってばかりだと逆に誠意が薄れるので、そのミスが意図したものではなく本来どう言いたかったかをきちんと(たどたどしくても)伝えることがホスピタリティとして重要です。

うっかりでも失礼なことを言ったら相手の気を悪くしてしまう、と心配する方もいるかもしれません。確かに残念ながら世の中には悪意を持った者や差別主義者(レイシスト)も若干存在しますが、特に国際会議やビジネスの場のようなインターナショナルでグローバルな空間では、そのような振る舞いは厳禁であるというマナーがあります。悪意さえなければ、皆さんミスには寛容です。

「ミスをするな」ではなく、ミスをした時に、言い直したり訂正するリスクマネジメントの方法さえ身につけていれば、誰とでも誠意のある対話は可能なのです。

ホスピタリティとしての聞き返す技術

同様に、相手が何を言っているか聞き取れない時の対策も身につけておく必要があります。これも日本人は "sorry?" "pardon?" ばかりを繰り返す、とよく言われがちですが、やはり手持ちのカードが少な過ぎることが原因かもしれません。

筆者の経験では"Please speak more slowly."(もっとゆっくり喋って下さい)と言っても効果があったためしはほとんどありません。なぜなら、ネイティブスピーカーは(特に非英語話者と会話する経験が少ない人は)、ゆっくり単語を区切って喋ることができないからです！ これは翻って、我々が非日本語話者の留学生や外国の方に普段どう喋りかけているかという反省点にもなります。

聞き返す手段として、より有効なカードとしては、

Your point is X, isn't it?

あなたの論点はXということですね？

【Xという単語だけでも聞き取れたらそれを確認する】

You mean Y, don't you?

Yということですね？【同上】

I didn't catch the final part.

最後の部分が聞き取れませんでした。

【全部でなく最後の部分だけ、という部分否定なのがミソ】

Could I ask the first question again?

最初の質問をもう一度伺ってもよろしいでしょうか？【同上】

などがあります。

さらにもっと簡単なのは、会話の中でX、Yという何とか聞き取れたキーワードっぽそうな単語を、相手の目を見て深く頷きながらそのままオウム返しすることです。これだけでも立派にあいづちや聞き返しの代わりになります。

この**必殺オウム返しの術、結構使えます**。特に研究上の高度な内容でこそ有利です。なぜなら、そこでは我々エンジニアが得意な専門用語がバンバン出てくるので、単語だけ並べても会話が成立しやすいからです。

上記の聞き返しに共通するのは、"I didn't understand."(理解できません)や"I didn't catch you."(聞こえません)といった全否定で会話拒否の姿勢ではなく、何とか部分的にでも理解しようという意思を相手に見せることです。これが日本語プレゼン編でも再々お伝えしているホスピタリティにつながります。

仮に上記のXやYがあさっての方向で間違っていたとしても、"No, no. What I wanted to say was ⋯."(いやいや、私が言いたかったのは…）と、そこからまた会話のキャッチボールがつながります。重要なのは、相手への返球がストライクになる自信がないから相手に返球しない…、のではなく、ボテボテで球が届かなくても多少コントロールが悪くても、相手にちゃんと球を返してあげる姿勢を見せることなのです。

このような会話の応酬は、実は日本語会話でも同じです。我々日本語ネイティブスピーカーでも、相手の発言をすべて一字一句再現して瞬時に再構成できる人は、よほど訓練した速記者でもない限り普通はいません。相手の発した単語やセンテンスが

英会話は新橋ガード下の居酒屋談義

かなり欠落しても、それを補填し推測しながら（時には誤解や聞き間違いもありながら）会話を成り立たせているのです。例えて言うなら新橋の（まあ鶴橋でもいいのですが）ガード下の居酒屋談義と一緒です。

相手の発した文章を完璧に再構成できない限り返答しない、という壊れたロボットのような冷たい対応ではなく、「え？ 何やて？」「ちゃうちゃう」と聞き取りづらいノイジーな環境でも頑張って楽しく会話を成り立たせるのが本来のコミュニケーションであり、それこそがプレゼンの本来の目的である「情報交換」ではないでしょうか。

=3　　=3　　=3

以上、英語プレゼン編、まずは「情報交換」という観点から、懇親会を出発点としてみました。このノリで、英語プレゼン編は時間軸を逆に辿ります。次の第６幕では、質疑応答について取り上げます。

第5幕の プレゼン極意

- 懇親会こそ国際会議の華。情報収集と人脈作りに精を出すべし
- 英会話はカードゲーム。カードを揃え適切なタイミングで切るべし
  - ・Conversation StarterとSmall Talkのカードを揃えよ
  - ・質問上手なインタビュアーになろう
  - ・あいづちのカードを充実させよ
- 英会話はキャッチボール。とにかく相手に返球すること
  - ・ミスを恐れるな。むしろ言い直すカードを揃えよ
  - ・聞き返しは相手のツボを突け。必殺オウム返しの術もアリ

第6幕　英語プレゼン・質疑応答編

質疑応答は「受け」ではなく「攻め」

英語プレゼンは、第5幕の懇親会編に続き、時間軸を遡って解説していきます。第6幕は「質疑応答編」です。

「質疑応答、プレゼンが苦手な人が最も苦手とするシーンです」…というのは第4幕の日本語プレゼン編でも出てきました。ましてや、それを英語でするなんて…。

もしかしたら多くの方が、質疑応答は、ようやくなんとかプレゼンを無事クリアした後に待ち受けている「罰ゲーム」のようなものだと考えているかもしれません。質疑応答を上手くやることに主眼を置くとそう考えがちで、これでは苦手な人ほど苦手意識が倍増してしまいます。

しかし、本書を通じてくどいほど繰り返している通り、プレゼンの最終目的はプレゼンを上手くやることではなく、有意義な情報共有・情報交換をすることです。したがって、多少たどたどしくても片言でも、「情報のキャッチボールができればそれでOK!」という、前向きで楽観的な考えこそが解決の糸口になります。

ここでも精神論だけではなく、具体的な小技や小ネタを交えながら、プレゼンが苦手な方にとっては絶壁のように立ちはだかる(かのように見える)質疑応答に対して、ゆるくチャレンジしてみたいと思います。

守る前に攻めよ

「自分の発表は、開催日の最初の方だと後は気がラク」「最後の方の発表だと、それまでずっと待っている間、気が重い」という意見は日本人の発表者からよく耳にします。私個人の意見はこれとはまったく逆で、「初っ端は調子がつかめず、やりづらい」「発表は最後の方が、調子がいい」です。

なぜならば、理由は簡単で、久々の(あるいは人によっては初めての)海外出張や国際会議参加だと、最初は耳も発音も慣れていないからです。数日間の会議も最初から参加しているとだんだん会場の雰囲気にも慣れてきて、なんとか英会話もスムーズになってくるものです(それゆえ、それまでにコーヒーブレークや懇親会で、英語でSmall Talkや情報交換をしまくることが重要です)。

したがってここでは、自分の発表が会議日程の最後の方にあり、それまでに十分ウォーミングアップの時間と機会があることを前提に話を進めます。

入念な準備という点については、もちろん事前に入念に英語で質疑応答集を作っておくことも重要ですが、会場入りしてから自分の発表までにすべきことは、**他人の発表に対してこちらから積極的に質問すべし**、ということです。

オフィシャルな質疑応答の場で大勢の聴衆の中からハイ！っと挙手をしてマイクを持って喋るのも良いですし、その勇気がなかなか出ない場合は、セッションが終わった後、意中の講演者のところにすすす…っと歩み寄って、個人的に直接質問しても良いでしょう（もちろん、コーヒーブレークや懇親会でも質問できます。第５幕参照）。

質疑応答は防戦一方ではナイ

質疑応答は、一方的に質問される側に立つ限り、防戦一方の「罰ゲーム」のように思われても仕方ありませんが、逆にこちらからも攻めれば、ゲームも面白くなります。また、**質問をしまくれば、質問者の立場や気持ちも分かるようになる**ので、質問のパターンや定型句も、より予測しやすくなります。自分の本番が回ってくる前に英語に慣れ、緊張感をほぐす意味でも最適です。

どうやって質問を切り出すか？

第５幕（懇親会編）では、会話は「答えるより質問する側の方がラク」ということを紹介しました。研究に関するSmall Talkもいくつか例示しましたが、懇親会で使える質問は、実は質疑応答でもそのまま使えます（…というより、質疑応答の時に時間がなくてできなかった情報収集をコーヒーブレークや懇親会で深化させる、というのが本来の正しい流れです）。

まずはどのように質問を切り出せば良いのでしょうか？ 以下に簡単な例を示します。

(I am) Yoh Yasuda, from Kyoto University, Japan. Thank you for your interesting/good/excellent/valuable speech.

日本の京都大学の安田です。興味深い／良い／素晴らしい／価値のあるお話をありがとうございます。

これだけで十分です。そして必要です。学会によっては発言の前に必ず所属と名前を求められる場合がありますし、そうでなくとも礼儀として名乗るべきでしょう。お互い気持ち良く情報交換をする、というマナーの側面もありますが、こうした定型文をまず声に出すことで、こちらの呼吸を整える効果もあります。

次に、質問にあたって論点を絞ることも大事です。

I am very interested in X on your paper. Could I ask a question (some questions) on that?

あなたの論文のXについて大変興味があります。それについて質問させていただいてもよろしいでしょうか？

You mention Y in your presentation. So, I would like to discuss on this issue.

プレゼンの中でYについて言及があったので、その点について議論させていただきたいと思います。

As you concluded Z after the present analysis, please allow me to make some comments on that.

今回の解析の結果、Zという結論を導かれていますが、それに対していくつかコメントさせてください。

これにより、相互誤解や聞き間違いのリスクをかなり減らすことができます。要領を得ない質問やトンチンカンな回答は、得てしてこの論点設定があやふやであることから発生します。

英語にも敬語はある

さて前頁の例文で、「wouldとかcouldとかなんか難しそう」「こんなまわりくどい英文、覚え切れないよ！」と思う読者の方も多いかもしれません。まあ、そこは単純暗記ではなく、理工系のエンジニアが得意な「パターン認識」の出番です。

実は、これらの助動詞は「敬意表現（仮定法による弱調表現）」を表し、日本語の敬語に相当します。敬意表現には、以下のようにパターンがあります（これも学校ではあまり教わらないかもしれません）。

What is your name?

名前は？【警官の職務質問】

Can I have your name?

名前を教えて。【ナンパの時とか？】

May I ask your name?

名前を聞いてもいい？【友達同士】

Could I have your name?

お名前を伺ってもよろしいでしょうか？

【高級レストランの接客など】

Please allow me to ask your name.

お名前を伺うことをお許しください。【慇懃無礼な尋問？】

I would appreciate it if you could give me your name.

お名前をお聞かせいただけるとありがたいのですが。

【高級ホテル？ 場合によってはバカ丁寧に聞こえる】

このような形で、英語の敬意表現は、丁寧になるほど仮定法が使われ、だんだん長くなる傾向があります。

もちろん、英語の敬意表現は日本語の敬語のように複雑怪奇なものではなく、また「絶対使わなければいけない」ものではないので、「知っていると何かとお得」程度に覚えておけば良いでしょう。

実際、多少発音が悪くても文法ミスをしても、敬意表現がそれなりにできると、多くの人とスムーズに気持ち良く会話ができます。カードゲームのように(第5幕参照)、シチュエーションによって敬意レベルを制御し、質問内容と自在に組み合わせることができれば、質問も楽しくなります。特に国際会議で座長や司会者が回ってくる中堅どころの研究者には、この敬意表現はマストアイテムです。

質問は常に10個、頭の中で考えよ

閑話休題。論点設定が整い、実際に本質的な質問を始めます。典型的な質問のパターンとして、質問者の理解度という観点から分類を行うと、以下のような分け方ができます。

a）質問者が単純に知りたいと思う質問

b）質問者はおおよそ理解しているが、聴衆の共通理解のために、あえてする質問

c）質問者は理解しているが、発表者が理解しているかどうかを確認するための質問

上記の中で、b）やc）はどちらかというと指導教員やオーソリティが教育啓発的に行う質問ですので、多くの方はa）のみでOKです。そうです、質問は自分が単純に知りたいと思うことを質問して良いのです。

日本人は（日本語の場合でも）質問下手だとよく言われますが、それはおそらく質問の重要度や優先順位を上手く制御できていない（あるいは上手く制御できる方法論を教わっていない）からではないかと筆者は感じています。

「こんなことを聞いたら恥ずかしいかな」と躊躇する人がいる一方、個人的興味で一方的な質問ばかりする人や、他人をやり込めるような質問・コメントを意図せず、うっかりしてしまう人もいます。

筆者は、学生さんに指導する際は、**「ある発表を聴いたら10個くらい頭の中で質問を考えてください」**と常々お伝えしています。最初は「そんなのムリ～！」という反応ばかりですが、何回か訓練すると、「なんでもいいからとりあえず10個」頭の中で質問を作れるようになります。「すみ

ません、ちょっと聞き漏らしたので…」とか「こんなシロウト質問、聞いちゃっていいのかな」とかでも、なんでもいいのです。とにかく人の話を聞いたら10個くらい頭の中で常に質問を作る、という習慣を続けるのが重要です。

そのように頭の中でテキトーに思いついた質問のリストを重要度順にソーティングし、どうしても聞いてみたい、という最優先質問を常に1〜2個ホールドしておくと良いでしょう。英語の場合でも、講演を聴きながら1〜2行の短い質問を英作文してメモを取る時間は十分にあります。

その質問の優先度が十分高いと判断すれば、オフィシャルな質疑応答の場でハイっと手を上げて、聴衆の前で質問すれば良いでしょうし、「こんな細かいこと聞いたら申し訳ないかな？でも、どうしても知りたい」という場合は、その人の講演が終わったタイミングで直接声をかけ、個人的に密にディスカッションする(そしてコーヒーブレークや懇親会になだれ込む)という手もあります。それが質問の優先順位です。

質問のパターン分析をする

また、質問のパターンを内容に従って分類すると、おおよそ以下のような分類になります。

① その論文のテーマ設定や背景、意義を問うもの

② 分析/解析手法や手段を問うもの

③ 結論に至るまでの論理性を問うもの

④ 結果の意義や影響、今後の計画を問うもの

⑤ 他の論文や研究との比較

⑥ 単純なデータや数値、用語や事実関係の確認

このうち、⑤はしばしば①や②、④と組み合わせて問われる場合が多いです。また、⑥は②や③の質問の中で同時に確認されるケースもあります。自分のしたい質問が上記のパターンのどれに該当するかを考えると、使う英語も自ずとパターンが決まってきます。

上記のパターンのうち、①や④の背景や意義、今後の展開を問うものとしては、

Why did you focus on the problem A (rather than B)?

なぜ(B問題ではなく)A問題に着目したのでしょうか？

What is the final (future) goal of your research?

この研究の最終的な(将来的な)目標は、どのようなものでしょうか？

Which position in the project is the current paper located?

そのプロジェクトの中で、今回の論文の位置付けは？

などがあります。特に自分たちの研究と近接している場合は、無用な競争関係ではなく協調関係を築けるチャンスもあるので、相手の研究の方向性を確認しておくのは有用です。

また、②の手法や手段を問う質問としては、第５幕の懇親会編とも一部重複しますが、

Could you show us the graph on slide *n* again?

*n*枚目のスライドのグラフをもう一度見せていただけますでしょうか？

Let me check the table on slide *m*.

*m*枚目のスライドの表を確認させてください。

Please tell me what the red line means in the graph.

そのグラフの赤線が何を意味するか教えてください。

Why did you choose Method C (instead of Method D) ?

なぜ(D手法でなく)C手法を使ったのでしょうか？

Did you check it by Method E?

E手法は試しましたか？

といったようなものがあります。パターン⑥と併せて、このあたりが最も気軽に質問しやすいところでしょう。おそらく発表１件につき10個は軽く出てくると思います。

さらに、③の論理性を問うものだと、少し厳しいニュアンスの質問となる場合があります。

You mentioned M on slide *p* while N on slide *q*. It sounds slightly contradictory.

q枚目のスライドではNと、p枚目ではMと述べられましたが、これはやや矛盾するように思えます。

You concluded X from the result of the graph Y. The logic is not totally clear.

グラフYの結果からXという結論を導き出しているようですが、あまり論理的ではありません。

I agree with the first conclusion. But, I cannot understand why you come to the second conclusion.

１番目の結論には同意できますが、なぜ２番目の結論が導かれたのか分かりません。

一般に、国際会議は和やかに進みますので、このようにガチでバトルするシーンはあまり多くないですが、パターンとして覚えておいて損はありません。

質問する人の気持ちが分かれば 回答も恐るるに足りず

さて、ここまで見てきたように、質問する側に立ってみると、パターンｃ）や③を除き、質問というものは大抵、単純に「すみません、分からないので教えてください」という謙虚な動機からくることが分かります。

質疑応答に恐怖感や警戒心を抱く人は、「答えられなかったらどないしよ…」とか「分からないのは恥」とついつい考えがちかもしれませんが、やはりプレゼンの最終目的は有意義な情報交換ですので、質問に対しては「**承知しました。私が分かる範囲で情報をご提供しましょう**」という素直な姿勢で臨めば良いだけです。

さあ、いよいよあなたの講演の番で、発表も無事終わり、質疑応答の時間がやってきました。フロアから出る質問は、おそらく**かなりの確率で、これまであなたが質問者としてパターンごとに分けて準備したような質問と似ています。**また、あなたの手元には、国際会議に出発する前に入念に準備した質疑応答集があるはずです。己を知り、敵を知らずんば百戦危うからず、です。

目線逸らし、無言はNG

さてここから先は、質問に対する答え方の小技を紹介します。国際会議でしばしば見かける日本人の悪い例としては、質問が出ても「・・・」とまったく何も答えず、フロアの前に座っている指導教員や上司、あるいは座長に助けを求めるかのように目を泳がせることが挙げられます。英語がたどたどしくても、文法が間違ってたとしても決して恥ではありませんが、**国際舞台でこのような振る舞いは、コミュニケーションをする気がないと取られるので、NGです。**

質問に対して目逸らし、無言はNG

現実路線として、質問は聞き取れないもの、と最初から想定しましょう。それを前提に、転ばぬ先のリスク対策を以下に紹介します。

大抵の場合、質問はだらだらと長く（本来は、質問は短く要点のみがベストなのですが…）、何を言ってるんだかさっぱり聞き取れないことも、国際会議では残念ながらよくあるパターンです。さて、そのような場合、どうすべきでしょうか？

まず、質問が聞き取れても聞き取れなかったとしても、必ずこれだけはきちんと明朗に発声してください。

Thank you for your question/comment.
　ご質問／コメント、ありがとうございます。

これを言わない日本人、結構多いです。これは英語ができるかどうか苦手かどうかの問題ではなく、マナーの問題です。そして残念ながら受験英語や教科書ではマナーはあまり教えてくれません。

さらに、上記のお礼の言葉に続けて、“well, …”（そうですね…）などと間投詞を発しておけば、後は多少沈黙が続いても不自然ではありません（便利なあいづちカードの1つです）。しかし、それらがまったくないと、「コミュニケーション拒否！」のシグナルを相手に送ってしまうことになります。

防戦一方ではない、情報のキャッチボール

さて、だらだらと長い相手の質問に対して、なんとかキーワードっぽい専門用語が１つでもキャッチできたらしめたものです。この場合のテクは、第５幕の懇親会編で覚えた「必殺オウム返しの術」が有効です。

単純に頷きながらその用語だけを口に出しても良いですし、“… isn't it?”（～ですね？）と付加疑問文で念を押しても良いで

すし、当該用語に関するスライドを巻き戻して、“this one?”（これですか？）などとビジュアルに示すのもより確実な手です。

それが質問者の意図に合致すれば、“Oh, Yes. My point is …”（ええ、そうです。私の言いたい点は…）などと質問の焦点がより明らかになりますし、運悪くハズレだったとしても、“No, no, my question was …”（いやいや、私の質問は…）などと、これまた会話が続きます。繰り返しますが、**間違えるのは恥ではありません。コミュニケーションをしようとしないのはNGです。**

最悪の場合、一から十までホントにまったく聞き取れなかった場合、どうすれば良いでしょうか。この場合もある程度対策があります。

まず、“Please speak slowly.”（ゆっくり喋ってください）や“Please say it again.”（もう一度言ってください）、“I cannot catch you.”（聞き取れません）という教科書的な聞き返しは現場英語ではほとんど通用しない、というのは第５幕でも述べた通りです。

それに対して、以下のような作戦はいかがでしょうか。

Sorry, which slide are you asking about?

すみません、どのスライドに関するご質問でしたでしょうか？

Could you tell me the first question again?

最初の質問をもう一度言っていただけませんでしょうか？

【質問が長い場合に有効】

Could I make sure the point of your question again?

質問の要点をもう一度確認させていただいてもよろしいでしょうか?

Could you summarize the point of your question?

質問の要点をまとめていただけませんでしょうか?

【質問者の話が長い時に座長がよく使う。質問者が使うと嫌味になる場合もあるので注意】

このように、質問のポイントや対象をお互いが努力して絞り込むことこそ、コミュニケーションであり、この作業は決して恥ずかしいことでも無駄なことでもありません。

最後に、相手の質問したいことがようやく(なんとなくでも)分かった時に、それからどう答えるか、です。ここで、答えるべき回答を日本語で考えて、その場で頭の中で英訳して明朗に発音する、という作業を衆人環視の中、緊張せずにソツなくやるのは、基本的にムリ!と考えた方が現実的です。

質疑応答の際、**基本的に準備していないものは答えられない**、ということは、第4幕でも述べた通りです。**英語ではなおさら**です。そこで必要になるのが、事前に準備した質疑応答集です(英語の質疑応答集はご自分で準備するものなので、ここでは例文は提示しません。悪しからず…)。

英語に多少自信のある人や、ある程度英語プレゼンに慣れてきた人であれば、その質疑応答集を事前に頭に入れ、ある程度のキーワードと表現の組み合わせをカードゲームのように組み合わせて、その場で柔軟に答えることも可能でしょう。

英語にまったく自信のない人は、質疑応答集を丸暗記してメモを棒読みする…のではなく、発表スライドの末尾に質疑応答用のスライドを用意しておくことをお勧めします。ドンピシャその質問がきたらラッキーですし、その際も、無言でスライドを指し示すだけでなく、

Thank you for your good question.

良いご質問をありがとうございます。

Actually, I prepared the answer to it.

実はそれについては、答えを用意してあります。

などとニッコリ切り返すと、質問者も聴衆も和み、満足します。

質問は分かったけれど、答えが出てこない場合は、素直に、

Sorry, I cannot give you a good answer to that question right now.

すみません、それについては、良い答えを思いつきません。

I will check it and email you later.

確認して後日Eメールします。

などと述べると良いでしょう。重要なのはその場しのぎの逃げではなく、きちんと情報共有を続けるという姿勢を見せることです。

最後に、“Sorry, my English is poor…”（すみません、私の英語はヘタなので…）などの**自身の英語のレベルに関する言い訳は一切不要です。**

日本語では謙遜は美徳かもしれませんが、英語では奇妙な自己卑下でしかありません。むしろ、慣れない英語にもかかわらず、アウェーで相手のルールに合わせて戦っているのだ、と堂々と胸を張る態度の方が賞賛されます。プレゼンの中身が良ければ、そしてコミュニケーションをする意志さえ見せれば、英語の上手い下手は、それほど気にするパラメータではないのです。

- 質疑応答は防戦一方の罰ゲームではない。まず、攻めよ
- 他人の発表に対して、常に質問を10個用意する習慣をつけるべし
  質問者の気持ちが分かれば、回答もパターンが読める
- 答えられないのは恥ではない。目逸らし、無言はNG
- 英語の質問が聞き取れないことはよくあること
  聞き取れない時にどのように質問を確認するかが、質疑応答の鍵
- その場で即興の英作文を期待するべからず。回答は事前準備が要

第7幕 英語プレゼン・口頭発表編

胸を張って堂々と喋ろう

英語プレゼンは、懇親会編、質疑応答編に続き、時間軸を遡って進み、第7幕ではいよいよ口頭発表編、英語プレゼンの本番です。

人前で発表するのは日本語でも苦手なのに、さらに英語でも発表しなければならないなんて…と、プレゼンが苦手な人ほど英語プレゼンに恐れおののきがちですが、本書を貫くテーマに戻り、初心に帰りましょう。すなわち、「プレゼンの最終目的は、上手くプレゼンをすることではなく、実質的な情報交換・情報共有をすること」です。

この理論に従うと、英語プレゼンも、英語を上手く喋ることが目的では決してないということが分かります。我々は（本書が想定している読者層の多くが）エンジニアです。英語スピーチコンテストに出るわけではないので、決してネイティブスピーカーのように流暢に喋ることを目的にする必要はないのです。英語はあくまでツールの１つであり、そのツールを上手く使いこなすに越したことはありませんが、そのツールに振り回されてはいけません。

第５、６幕で紹介した懇親会や質疑応答では、必ずしも台本通りに進まない相手次第のやり取りもありますが、幸い、英語プレゼンの本番は準備さえ周到にすれば予定調和で進ませることができ、はるかに気がラクと考えることもできます。本書が、懇親会編→質疑応答編→口頭発表編と逆順に進んでいる理由がお分かりいただけたでしょうか？（決して筆者が単に懇親会好きというわけではないのです！）

日本人の英語プレゼンは分かりやすい

実際、筆者も様々な国際会議に参加して、海外の研究者から「日本人の学生のプレゼンは分かりやすい。先生方がきちんと指導をされているんですね」と言われたことが何度かあります。国際会議の場ではお世辞を必要とする文化はありませんので、なるほど確かにそれも一理あるな、と私自身も思います。

日本人の、特に学生さんの発表は、ほぼ例外なく事前に研究室で何度もチェックされ、発表練習があります。プレゼン資料も「起承結」（起承転結ではありません。第２幕参照）が論理的に整然と整理されています。

このようにプレゼン資料をきちんと準備し、何度も予行演習をした発表は、**たとえ英語がたどたどしくても、聴いている人にとっては「分かりやすく」聴こえます。皆さん、安心してください。**

筆者が見聞きした体験の中では、逆のパターンもあります。英語のネイティブスピーカーの学生と思しき若い発表者が、一生懸命身振り手振りで自分の研究を説明しているのですが、"… you know?"（ですよね？）を連発しながら普段の喋り言葉のような感じで早口でまくし立てる発表がありました。さすがに私も「うーん、これでは流暢過ぎて何を言いたいんだか全然

ネイティブスピーカーだから
英語プレゼンが上手いわけではない

分からないや」と思っていたところ、質疑応答の際に、とある質問者から「OK、ボブ(仮名)。君の熱意は分かった。しかし結局のところ、君の発表の結論は何かね？ 短く端的にまとめて欲しい」と、まるで論文審査のような質問が出て、驚くとともに妙に納得しました。

この例が象徴的に物語る通り、ネイティブスピーカーのように英語を流暢に喋りさえすればそれで良いというわけではない、ということをお分かりいただけると思います。

日本人の英語プレゼンは自信なさそう

日本人の英語プレゼンは分かりやすいと、褒めた後ですぐ落として恐縮ですが、これまた多くの海外研究者から「日本人はどうして皆、hesitateしながら喋るのだ？ せっかくいい発表をしているのに…」と指摘されることが多くあります。

「hesitate」を辞書で引くと「遠慮する」という意味が出てきますが、日本文化的な美徳としての「遠慮」というニュアンスは英語圏ではほとんどありません。どちらかというと「たじろぐ」「ためらう」「口ごもる」と訳すべきで、明らかにそれをしない方が美徳です。**hesitateしてもひとつもメリットはない**、ということは英語プレゼンに臨む際の心得として肝に銘ずるべきでしょう。

ここで「いや、日本人は英語に苦手意識を感じる人が多いので…」と弁解しても、「僕だってネイティブスピーカーじゃないし、英語は苦手だよ(エッヘン)」と答えるイタリア人やスペイン人は結構多いです。

実際、筆者の知り合いのイタリア人やスペイン人の研究者は皆ほとんど例外なく饒舌で、自信を持って朗々と喋ります。一見(一聴)して分かる通り、イタリア語やスペイン語の強いアクセントが残ったままですが、堂々と喋ると、それがまたなんともカッコ良く聞こえます。彼らの国民性なのか、あるいは彼らの先祖の言葉であるラテン語がもともとローマ時代に広場で高々と文書を読み上げるために発達した言語だからかもしれません。

いずれにせよ、重要なのは「堂々と喋ること」です。あるいは百歩譲って本当に自信がなかったとしても、**戦略として「自信があるように」振る舞う作戦が必要**です。

繰り返しますが、あなたは英語のスピーチコンテストに出るわけではありません。あなたの武器はあなたの持っているコンテンツなのです。そして、日本語編(第1～4幕)でも作戦を立てた通り、発表当日までにあなたは用意周到に準備して本番に臨んでいます。あとは本番でなすべきことは、堂々と胸を張って喋ることなのです。

発音は特に気にしなくてOK

英語の授業の時間に、「日本人は“ l ”(エル)と“ r ”(アール)の発音の区別ができないから気をつけて」などと言われ、そこでつまずいて英語が苦手になった人はいませんか？ 私も実はそうです。30代後半に国際委員会に１人で放り込まれるまで、英語が苦手で苦手で仕方ありませんでした(実は今でも苦手意識はあります。戦略上、堂々と振る舞っているだけです！)。

ところが、実際に国際会議や国際委員会に多く出席するようになり、現場で感じたことは、ドイツ人だって“c”と“z”の区別ができないし、スペイン人だって“ j ”と“y”がごちゃ混ぜだし、フランス人だって“h”の発音ができないし…と、数え上げればキリがありません(笑)。そして彼らはそれを気にすることもなく堂々と自信を持って喋っています。

個人的な体験として、30代の頃に主に欧州で開かれる国際委員会に多く参加したことは、「自信を持って英語を喋る」ための良いトレーニングの場だったと思います。そこでは、英語のネイティブスピーカーはむしろ少数派で、多くの人が第二言語として英語を喋っているからです。

もちろんグローバルエグゼクティブのようにペラペラと流暢な英語を駆使する人もいますが、大抵は各国お国訛りの英語を喋ります。それで良いと思います。なぜなら、我々は研究者・エンジニアとして集まっており、専門的な内容を議論するのですから。

私自身も相変わらず“l”と“r”の発音の区別がなかなか上手くできませんが、それで専門的に致命的な誤解を招いたり、交渉が失敗したという経験はありません。もちろん、綺麗な発音ができるに越したことはありませんが、綺麗な発音にならない限り喋れないという理論であれば、永遠に人前で喋れないでしょう。

もう１つ個人的な体験を披露しましょう。あるパーティーのスピーチで、「この人、明らかに関西人やわ（笑）」とすぐに分かるくらい、「お国訛り」が豊かな日本人の英語スピーチを聴いたことがあります。その人のスピーチは一切メモを見ず自分の言葉で語り、その会の成功を簡素に心のこもった言葉で祝福し、かつ短く終了するという拍手喝采のスピーチでした。堂々とカッコいい英語を喋るというのは、こういうことだと思います。

英語的リズムこそ戦略的に

一方、日本人のスピーチは聞き取りづらい、と指摘されるのも確かです。これは発音ではなく、リズムやイントネーションに属する問題だと筆者は考えています。発音、リズム、イントネーションの３者はそれぞれ明確に切り分けて作戦を練る必要があります。

日本人が日本語だけでなく英語を喋る場合でも、特段の意識や訓練をせず「無意識に」喋る場合、大抵はお経のように抑揚のない一本調子になりがちです。これもお国訛りの１つかもしれませんが、このリズムは英語のネイティブスピーカーや欧州系言語を母語とする人たちにとっては超苦手なリズムだ、ということはこちらから配慮してあげる必要があるかもしれません。

“l” と “r ”の発音の区別は、よほど意地悪な人でない限り、前後の文脈からある程度類推して聴いてくれますが、この「お経系リズム」に対しては、彼らの耳と脳に変換・補完機能が備わっていない、と考えた方が良さそうです。

例えば、

> Today, I want to tell you three stories from my life.
> 今日は、私の人生から学んだ３つのお話をしたいと思います。

という文章をスピーチで喋る場合、多くの日本人は、明確に意識して喋ろうとしない限り、

> Today, / I / want / to / tell / you / three / stories / from / my / life.

というリズムで、文中のスラッシュごとに単語で切るリズム感で喋ってしまいがちです。英語の発音をカタカナ表記で覚える

人ほどこの傾向が強いかもしれません。単語を１つ１つ区切って喋ると、ほら、いとも簡単に木魚を叩くようなリズムでお経系サウンドになってしまいます。

第５幕(懇親会編)でも「ネイティブスピーカーはゆっくり単語を区切って喋ることができない」と述べましたが、まったく同様に、彼らはゆっくり単語を区切って喋られると聞き取れないのです！

この場合、息継ぎを含めて文章を区切るとしたら、どこで区切れば良いのでしょうか？ 例えば、以下のように区切ることができます。

Today, / I want to tell you / three stories / from my life.

すなわち、文節ごとに区切ることが重要なポイントです。この文節ごとに区切る方法は、中学英語あるいは受験の長文読解対策として予備校で習っている方も多いかと思いますが、実は英語スピーチでこそ威力を発揮します。

ネイティブスピーカーであれば、上記のような短い文章は途中で息継ぎなく一気に喋る場合が多いですが、特に大勢の前で、壇上でマイクを持ってスピーチするというシチュエーションでは、わざとこのように文節ごとで区切ることによって朗々と堂々と喋る雰囲気を演出したり、場合によっては聴衆の反応や拍手を確認しながら喋りを進める場合もあります。

ちなみに、前述で取り上げた短い簡単なセンテンスは、かの有名なスティーブ・ジョブズ氏のスタンフォード大学での卒業式のスピーチの冒頭部分の一節です。ジョブズ氏は実際に、次のように喋っています。

Today, …… / I want to tell you three stories / … my life.

スラッシュで区切った部分は、十分息継ぎをしたり、場合によってはワザと間を伸ばして聴衆の集中力を惹いたり、頭の中で次の言葉を考えたりする時間にもあてられます。

ちなみにジョブズ氏のスピーチでは、“from”はほとんど聞き取れません。前置詞は日本語の「てにをは」に相当し、受験英語では、これを正確に解答しないと確実に減点ですが、スピーチでは強調して発音する部分ではないので、わりとウニャウニャでも意外とOKです。完璧病に罹患している人こそ、このようなアクセントの強調・弱調を柔軟に使い分けることをお勧めします。

さらに、イントネーションとアクセントを組み合わせると、

Today, …… / I want to tell you three stories / from my life.

のように、下線部を強調して喋ることも可能です。「強調」というと、単に音楽記号のアクセントのように、ワッと瞬間的に

語気を強める喋り方をイメージする人も多いかもしれませんが、むしろ「強く発音する」というより「長く伸ばす」というイメージの方が、スピーチには向いています。

便宜上カタカナで書くと(あまり英語の発音をカタカナ表記で書きたくないのですが)、「トゥデイ」と言うところを「トゥデーーーイ」、「ストーリィ」と言うところを「ストォーリィ」と言う感じになります。感覚的には普段より1.5〜３倍くらい長く伸ばす、という感じでしょうか。

このスラッシュの位置と強調(アクセントより長さ)さえ上手く制御できれば、かなりの程度、堂々としたスピーチに聞こえるようになります。流暢に喋るとは、決してペラペラと早口で喋ることではありません。ゆっくり慌てず、そして堂々と朗々と喋ることこそが、英語スピーチに必要な「テクニック」です(そして、なぜかそれを教える日本語の本が少ないのが残念…)。

お手本を探そう

お手本となる英語のスピーチとしては、ここに例示したジョブズ氏だけでなく、バラク・オバマ前大統領も有名ですが、これらはYouTubeで数多く視聴することができます。また、もう少し専門的な講演を集めたサイトとしてはTED (Technology, Environment and Design) というサイトもあります (www.ted. com)。

日本語字幕ありで聴いても良いですが、できれば英語字幕とともに、さらに字幕なしで何度も聴き直すと良いでしょう。一語一句英語を聞き取る必要はありません。聞き取れなくても落ち込む必要はありません。

むしろここでは「堂々とした」「カッコいい」喋り方とはかくあるべきだ、ということを学び取れればOKです。プロ野球選手やサッカー選手に憧れる少年少女がスーパースターのマネをするように、我々も「カッコいい」スピーチのリズム感をマネることから始めてみませんか（しかも、今はそれがほとんど無料で手に入る、英語を勉強するにはいい時代です）。

リスク対策としての間投詞

さて、冒頭で「英語プレゼンの本番の方が準備周到に予定調和で進ませることができる」と述べましたが、やはり衆人環視の下、英語で喋るのは決してラクなことではありません。こちらが一方的に喋る発表の場合、リスク要因は常に自分自身にあります。すなわち、緊張して頭が真っ白になったり、せっかく覚えた英文が出てこない、などのトラブルです。

ここで重要なのが、これまで何度も紹介した通り、ミスをしてはいけないなどと精神論で乗り切ることではなく、ミスがあるかもしれないことをあらかじめ想定したうえで、そのミスをフォローできる具体的方法論を身につけておくことです。

ここで強力なツールとして登場するのが「間投詞」、すなわち第５幕の懇親会編でもお世話になった「あいづち」です（会話ではないので、１人ツッコミの様相がありますが…）。あいづちのカードと同じく、数枚だけでもコレクションしておくと何かと便利です。

例えばよく“aah…”を連発する人がいますが、これは日本語プレゼンで「えーと」を連発するのと同じなのでNGです。もちろん“aah…”もカードの１枚ですので使ってはダメというわけではありませんが、意図的に制御して使わないと、単なる練習不足で無意識の癖が出てしまったのと同じです。

現場で使える間投詞句としては、以下のものがあります。まず、スピーチ冒頭、あるいは各スライドの入れ替え時ごとに使えるものとしては、

Well…	さて…
Now…	それでは…
OK,	では、
First of all,	まず初めに、
Next is …	次は…
By the way …	ところで…
On the other hand,	一方、
Coming back to …	…に話を戻すと

などがあります。まずはこれだけ発声しておいて、頭の中で次に喋るセンテンスを確認する時間を確保するというのもアリです。むしろ慌てる必要はありません。間投詞句を文字通り、一旦投げた後で一呼吸置いた方が、ボンヤリ聴いている聴衆の耳を惹きつける場合もあります。

ちなみに、スライドを入れ替える際は、日本語の口頭発表編（第４幕）でも述べたように、しばらく無言の「間」を取って、スクリーンに映し出されたグラフや図表を「聴衆と一緒に見る」瞬間を作るという「戦略的無言」もおススメです。いずれにせよ「戦略なき無言」だけは避けるようにカードを使い分けましょう。

話の途中で言葉に詰まった場合、あるいはちょっとした間を取りたい場合は、

well …	そうですね…
or …	あるいは…
I mean …	つまり…
in other words …	言い換えると…
say …	言うなれば／例えば…
for example …	例えば…

などがあります。無理にたくさんカードを用意する必要はありませんが、緊張して頭が真っ白になった時にもとっさに口に出

てくるようなものを２～３枚用意しておくだけでも、転ばぬ先の杖になります。

完璧にセリフを忘れた、喉元まで来ているのにアノ単語が出てこない、などの場合はどうすれば良いのでしょうか？ これもカードがあります。

excuse me, aah…
　失礼、えーと…
what's the word …
　なんて言う単語でしたっけ…
how should I say …
　なんて言いましたっけ…
I forgot the English term for this …
　英語の単語を忘れてしまったのですが…
Sorry. Give me a second.
　すみません。少し時間をください。

第４幕で「メモは見ない方が良い」と述べましたが、もしどうしてもメモを用意したいのであれば、こういう時こそチャンスです。メモばかりを見て観客に視線を向けないのは英語プレゼンでは超NGですが、上記のような間投詞を投げながら、パフォーマンスとして時間を取ってゆっくりメモに目を落とすというのであれば、むしろ堂々と見えます。しかし、これは１回

セリフ忘れ、単語ド忘れでも堂々と

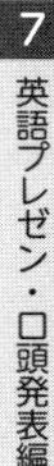

の講演で何度もやるとカッコがつかないので、やはり最後の手段として取っておくべきでしょう（ゆえに、メモを見ない方が良いという結論になります）。

 言い換える技術はセイフティネット

英語スピーチを、メモを見ずに喋る場合、最初から最後まで喋る文章を台本として用意し、それをそのまま丸暗記する人がいます（実は筆者も若い頃はそうでした）。

これは舞台俳優で言えば、数十分にわたる長ゼリフを喋るのと同じで、実はハードタスクです。一度でも言い間違えたり、単語が思い浮かばないと、それ以降全部アウト！という大きなリスクも有しています。英語プレゼンに苦手意識があったり慣れていない人ほどこの「丸暗記」に頼る傾向にありますが、これは結果的にリスクが高過ぎておススメできません。

結果的にリスクが低く安全牌な方法は「適当に覚える」です。「テキトーに覚える」ではありませんよ。あくまで漢字本来の意味で「適当」(＝ある状態・目的・要求にぴったり合っていること) が重要です。そして、その「ぴったり合っていること」とは、唯一の解しかないという意味ではありません。

例を示しましょう。例えば、「図から、消費電力量がここ数年ほぼ一定であることが分かります」と言いたい場合、英語では何と言うのでしょうか？ 以下のようなパターンが考えられます。

① The figure shows that / ② consumption of energy has not significantly increased / ③ for the past few years.

ここでは、主に下線部①②③のように文節を分類できますが、それぞれの部分は、以下のように言い換えることも可能です。

① From the figure, we can see that / ② energy consumption has increased little / ③ in recent years.

あるいは、

① This is a figure that shows /② energy consumption staying flat / ③ in these years.

このように、和文英訳は杓子定規で唯一の解があるわけではありません。オリジナルの和文に２つも３つも英訳を用意しなきゃいけないなんてシンドイよ…、と最初は思うかもしれませんが、これも文節ごとにカードをコレクションしていくと、後々いろいろ使い回しができます。実際、エンジニアリング英語や会議英語は、かなりパターン化された表現で構成されています。

そして、文節ごとに自由に入れ替えができれば、先述の文節ごとに「間」を取ったり、間投詞を投げている間に、２つか３つの選択肢の中から先に思いついたものを選ぶという形で自由に喋れることになります。これもカードゲームの一種です。

さらにエンジニアにとって有用なのは、専門用語の言い換えです。**ここは「英英辞典」の出番です。**

例えば “rating”（定格）は、ある英英辞典で引くと “an operating limit of a machine expressible in power units”（電力の単位で表現できる機器の動作限界）となります。

“rating” という初歩的な単語を忘れる人はあまりいないと思いますが（実は筆者は、就職後最初の国際会議でこの単語が出てこずに玉砕しました…）、もしそれをうっかり忘れてしまったとしても、“an operating limit” くらい覚えていれば、話を続けることができます。普段から英語を勉強しなきゃ！と意気込んでいる人は、英和辞典でなく英英辞典や専門書のGlossary（用語集）を暇つぶしに読むと、イザという時に転ばぬ先の杖になります。

筆者は、物覚えが悪いのでよく簡単な英単語をド忘れしますが、スピーチの途中でも、例えば、“aah…,what's the word…, say…, the method to reach the most favorable point…”（えーと…、何でしたっけ、そうですね…、最も好ましい地点に到達する方法…）などと言っていると、座長や前の方に座っている聴衆から “optimization!”（最適化！）などと助け舟を出してくれて、“Oh, that's right. Thank you”（ああ、それです。ありがとう）などと、かえって和やかに話が進んだりすることもあります。

いずれにせよ、**単語が出てこない、言葉に詰まる、というのはよくあること**なので、そこで慌てふためいて頭が真っ白に…とパニックになる必要はまったくありません。セリフや英単語を忘れても、それをあらかじめ想定して対策と戦略を練っていれば、それすらもパフォーマンスやネタとして使って堂々とスピーチできるのです。さあ、あなたも堂々と！

第7幕の
プレゼン極意

- hesitateは禁物。自信がない時こそ、意識して堂々と
- 日本人的発音を恥じる必要なし。リズム感はお手本より学ぶべし
- 間投詞を駆使せよ。「間」をコントロールせよ
- セリフ忘れ、単語ド忘れはよくあること
  そのフォローこそ肝要

第8幕　英語プレゼン・スライド資料編

スライド資料は紙芝居。紙芝居を見ながら喋ろう

英語プレゼン編も、懇親会から質疑応答、口頭発表と時間軸を遡って進み、この第８幕はスライド資料編です。

日本語でのスライド資料は第３幕でも解説しましたが、ここは準備にじっくり時間を掛けることができるので、プレゼンが苦手な「長考型」の人こそ腕の見せどころです。特に、英語が不得意な人、発表本番や質疑応答にまだまだ苦手意識を持つ人こそ、ここは得点を稼ぐチャンスです。

第７幕の口頭発表編で、「日本人の発表は分かりやすい」と評価されていることを紹介しました。その大部分が、用意周到なプレゼン資料に起因します。しかもそのプレゼン資料は、単に「キレイにできている」という意味でなく、ストーリーが良く練られている場合に「分かりやすい」という評価をもらえるものです。

プレゼン資料に関しては、すでに第３幕で大胆に枝葉を落と

し論理的な優先順位をつける情報提示の戦略を紹介しましたが、英語プレゼンでも、同じように情報の取捨選択の方法論が必要となります。と同時に、第7幕の口頭発表編とリンクして、丸暗記に頼らないスピーチをするためのちょっとした小技も披露したいと思います。

情報の取捨選択は論理的優先順位

まず、日本語プレゼン編の第2幕および第3幕で得てきたことを復習しましょう。そこでは、

- **論理的優先順位をコントロールせよ**
- **論理的プロポーションをコントロールせよ**
- **論理的ストーリー(帰納と演繹)をコントロールせよ**
- **プレゼン資料は「読みもの」ではなく「見せもの」**
- **箇条書きや矢印は論理的に**
- **アトラクティブなアイテムで視線を集めよ**
- **ただし、華美・過剰は逆効果**

などの小技や極意を学んできました。英語プレゼンでも同じことが言えます。特に、機械的な和文英訳でダラダラと長くなりがちで、丸暗記に頼りがちな英語のプレゼンでこそ、この方針を徹底させることが重要となってきます。

英語のスピーチとスライドをどのように組み合わせるか？

さて、例えばイントロダクションの部分で、

近年、洋上風力発電所の平均容量は年々大きくなっており、100基以上の風車基数、数kmにわたる発電所も珍しくない。
このため、近年は「洋上ウィンドファーム」というより「洋上風力発電所（OWPP)」という用語が専ら使われるようになっている。

という文章を、英語で説明することを想定してみましょう。英語ではどのようにプレゼン資料を作り、どのように喋れば良いのでしょうか？

上記の内容を英語で言うと、

As average capacities of Offshore Wind Power Plants (OWPPs) are getting larger, more than 100 turbines laying over hundred kilo-meters is not unusual nowadays.
This is why the terminology OWPP is nowadays preferably used rather than "offshore wind farm".

という感じで喋ることになるのではないかと思います。仮に上

記のようなスピーチ原稿をそのままスライドにすると、**図1**のようになります。

しかし、日本語編（第３幕）でも述べた通り、文章を丸々そのままスライドに提示するのはお勧めできません。プレゼン資料は「読みもの」ではなく「見せもの」なので、聴衆が瞬間的に理解できる程度に情報量を落とさないと、誰も見てくれないからです。

そこで、前述のダラダラとした文章をプレゼン資料としてまとめる際は、階層型の箇条書きを用いて、

情報量が多過ぎると皆寝る

Introduction

As average capacities of Offshore Wind Power Plants (OWPPs) are getting larger, more than 100 turbines laying over hundred kilo-meters is not unusual nowadays.

This is why the terminology OWPP is nowadays preferably used rather than "offshore wind farm".

図1 英語スライドの例(改善前)

- Average capacities of Offshore Wind Power Plants(OWPPs): getting larger
  - ▶ number of turbines: more than 100 turbines
  - ▶ area: over 100 km.
  - ▶ Not unusual nowadays
- New terminology: OWPP rather than "offshore wind farm"

などとすることができます。

しかし、これでもまだ味気ないので、さらにイタリックやボールド、アンダーラインを駆使すると、次のように書くことができます。

- *Average capacities* of Offshore Wind Power Plants (**OWPPs**): **getting larger**
  - ▶ *number of turbines*:
    more than 100 turbines
  - ▶ *area*:
    over 100 km.
  - ▶ Not unusual nowadays
- *New terminology*: **OWPP** rather than “offshore wind farm”

これでだいぶメリハリがついてきました。これを実際にプレゼンのスライド資料に仕立てると、**図2**のようになります（吹

Introduction

- *Average capacities* of Offshore Wind Power Plants (**OWPPs**):
  getting larger
  - ▶ *number of turbines*:
    more than **100 turbines**
  - ▶ *area*:
    over **100 km**.

Not unusual nowadays!

- *New terminology*:
  OWPP rather than “offshore wind farm”

図2 英語スライドの例（改善後）

き出しなど、少しアクセントもつけてみました)。

ちなみに、英語のスライド資料にTimesやCenturyなどの細身のフォントは推奨できません。特に大きな会場では、大きなスクリーンに映し出されたとしても、後ろの方から見えづらいからです。図２で用いたようにArialなどの太めのフォントを使うことをお勧めします(個人的にはRockwellというフォントがお気に入りです)。

また、日本語編(第３幕)でも指摘した通り、基本的に24ポイント未満の小さな文字を使ったり、スライド１枚に過多な情報を詰め込んだりするのも推奨できません。

図２は紙面の都合で、モノクロで描かれていますが、モノクロだけでもこれだけのメリハリをつけることが可能です。もちろん、さらに必要に応じてカラーやアニメーションを(ただし、過度にならずに)施しても良いでしょう。さらに関連図表を同一スライドに(ただし適切な大きさで)添付するのも手です。重要な情報に優先度をつけ、視線を集める工夫をすることで、もしかしたら集中力が落ちているかもしれない聴衆にも配慮して、多くの人に理解してもらえる資料に仕上げることができます。

スライドを元にどのように喋るか？

さて、図２のようなスライド資料が準備できたとします。このスライドを投影しながら発表本番で実際にスピーチする場合は、どのように喋れば良いのでしょうか？

実は、**スライドに書かれている情報は、論理的優先順位を考慮して取捨選択された「圧縮情報」です**（第３幕参照）。したがって、実際にこれを元にスピーチする場合は、この圧縮情報を解凍しながら喋る、という操作を行うことになります。例えば、

As shown in this slide, /average capacities /of Offshore Wind Power Plants /are getting larger.
So,/an offshore plant with more than 100 turbines /laying over hundred kilo-meters / is not unusual nowadays.
This is why/the new terminology OWPP /is nowadays preferably used/ rather than “offshore wind farm”.

という感じでしょうか。上記の文章のアンダーラインの部分は、スライドに書かれているものとまったく同じ情報です。また、第７幕の口頭発表編と同じく、文節を区切る箇所にスラッシュを入れています。

この文章は、元の日本語を直訳した最初の文章（p.126）と少し違いますが、そこはお気になさらずに…。というか、**喋るたびに少しずつバリエーションが違うのは日本語のプレゼンでもよくあること**ですし、むしろそのような自由度のある喋り方の方が「丸暗記」から脱却して玉

砕リスクを低減させる近道です。

論理的優先順位の高い情報(すなわちアンダーラインの部分)は、すでにスライドに答えがそのまま書いてあるので、緊張したとしても言い忘れたり言い間違えたりするリスクはかなり低く、その点は安心です。実は、スライド資料は堂々たるカンニングペーパーなのです。この時点ですでに十分なリスク対応ができていると言えます。「日本人のプレゼンは分かりやすい」と言われるのは、まさにこの部分です。

さて、アンダーラインの部分以外は、スライドを見ながらその場で即興的に付け足すことになります。しかし、即興的な英作文が苦手でもご安心を。実は、アンダーラインがない部分は、それほど大した情報ではないので、たとえこの部分で言い間違ったり文法ミスを犯したりしたとしても、大したエラーにはなりません。

本書を貫く戦略のコンセプトは、「ミスしてはいけない」ではなく、**「慣れないうちはミスは当然発生するもの」と想定して対策を練る**、ということです。ミスはないに越したことはありませんが、同じミスをするのであれば、致命的なミスは用意周到にリスク低減し、仮にミスをしても大したダメージにはならないところで安心してミスをしておいた方が気が楽です。

前頁の文章は文節ごとにスラッシュで区切っていますが、このスラッシュのところで、第7幕で紹介した間投詞のカードをうまく使いながらその場で考えて、いくつかの選択肢の中からゆっくり選ぶこともできます。

スライド資料はいわば「紙芝居」です。紙芝居に描かれている重要キーワードや重要画像情報を、聴衆と一緒に見ながら、その場で必要に応じて各文章や各スライドのつなぎを組み立てていく方法が、喋る方も気が楽ですし、聴衆を引き込むことができます。

聴衆と一緒に「紙芝居」を見る

時間配分と想定質問集

最後に、発表全体の時間配分（プロポーション）について短く言及します。これらは第２幕でもすでに述べましたが、特に**英語プレゼンでは、日本語で喋るのと同じ内容を同じ時間で喋りきることはできない**、ということを考慮する必要があります。

英語プレゼンにあまり慣れていない段階では、無理してネイティブスピーカーの真似をして早口でペラペラと喋ろうとせず、ゆっくり朗々と喋った方が失敗するリスク（英語を間違える、ではなく相手に情報が伝わらない、という致命的リスク）を減らせます。すなわち、日本語で喋る場合より２～３割情報を落として全体構成を練るのが吉、となります。

全体構成を英語プレゼン用に再編成した場合、もし時間の関係でやむなく落とすスライドがあれば、それは自動的にスライド資料末尾に移動して、質疑応答用のスライドに早変わりです。

質疑応答の際の英文も、質問が出てからその場ですべて頭で考えて英作文して…というのは慣れないうちはリスクが高いですし、かといって質疑応答集まですべての英文を丸暗記することも現実的ではありません。ここはやはり、「紙芝居」をあらかじめ用意して、それを元に説明するというのが最も確実な方法になるでしょう。さてさて、楽しい紙芝居の始まり始まり～！

料金受取人払郵便

神田局承認

6353

差出有効期間
平成31年4月
30日まで

郵便はがき

101-8796

517

東京都千代田区
神田錦町3－1

株式会社 オーム社

雑誌局読者カード係 行

伝言板	書籍名	(書名をお書きください)
	購入店名	(購入した書店名をお書きください)
	本書のご感想または小社の出版物に対するご希望，ご意見などをご記入ください．	

総合評価 □大変よい □よい □ふつう □わるい
価格について □安い □適当 □高い

読者カード

■お買い上げの動機

□書店で見て　□新聞・雑誌広告（紙・誌名　　　　　　）
□知人の紹介　□図書目録，出版案内　□eメール配信　□ホームページ
□研修テキスト・教科書として指定　□その他（　　　　　　）

■ご購読の新聞・雑誌　（　　　　　　）

■この分野で最近購入した書籍　（　　　　　　）

■今後，出版を希望する本のタイトル
（　　　　　　）

■eメールによる出版案内等の配信を希望されますか？
□希望する　□希望しない

■出版案内等の送付を希望されますか？
□希望する（□自宅　□勤務先）　□希望しない

フリガナ			性別	年齢
氏　名	（姓）	（名）	男 女	才
自　宅 住　所	〒　　－ Tel.　　（　　）			
勤務先 所在地	〒　　－ Tel.　　（　　）			
勤務先名または在校名		所属		
eメール	@			

ご協力ありがとうございました．ご記入いただいた個人情報は，小社の出版案内等の送付・配信にのみ利用させていただきます．

- ☑ スライド資料は紙芝居。論理的優先順位に従って重要情報を選べ
- ☑ スライド資料は圧縮ファイル。解凍作業はある程度柔軟に
- ☑ スライド資料はカンニングペーパー。セリフを忘れたら、聴衆と一緒にスライドを見よ
- ☑ 時間配分でやむなく落としたスライドは、質疑応答集に再利用

第９幕　英語プレゼン・事前準備編

楽しくラクして英語を学ぼう。ただしアンテナを張ろう

英語プレゼン編もこれまで懇親会から始まって質疑応答、口頭発表、スライド資料と時間軸を遡ってきました。第９幕では事前準備編、すなわち日頃の行いや心得について述べたいと思います。

皆さん、日頃から英語を使っていますか？ 日本に住んでいて日本語で仕事や勉強をする限り、英語に触れる機会はやはりそう多くなく、しかも大抵の場合、都合の悪いタイミングで突然やってきて、「必要に迫られて」「仕方なく」「イヤイヤ」英語を読んだり書いたり喋ったりしなければならない…という状況がほとんどだと思います。

では、英語の勉強、日々頑張って努力するしかないのでしょうか？「努力せよ」は確かに正論ですが、ただでさえ日常業務に忙しいエンジニアや工学系研究者に、本業や睡眠の時間を削って苦手なものを無理矢理させるのは酷なハナシです。私も

実は努力が苦手です。無理矢理やらされる感があるのはもっとイヤ。

ここは逆転の発想で、ある日突然「必要に迫られて」という状況に陥らないために、普段から「必要もないのに」だらだらと英語を読んだり書いたり喋ったり…と過ごすのはいかがでしょうか？ それがここでお話する事前準備です。

好きなことすればええねん（ただし英語で）

ただでさえ忙しいのに苦手なものを頑張る時間や余裕なんてない…！という状況に陥っている人でも、好きなことや楽しいことであれば、なんとか時間を捻出したり、隙あらば気分転換したりするものです。野球でもサッカーでも、マンガでもゲームでも、**とりあえず何か好きなものがあれば、それを英語でやってみると、結構楽しいです。**習うより慣れよ。

例えば、野球のカタカナ語と英語のbaseball用語はかなり違います。アメリカ人に通じないジャパニーズ・イングリッシュのオンパレード。これらの用語の違いをコレクションするだけで、かなりマニアックな会話ができますし、Small Talkの良いネタになります（懇親会の時にどーぞ！）。

マンガも今やどの国の本屋に行っても必ずmanga（comicsではナイ）コーナーがあるくらい日本のマンガの外国語版が世

界中に溢れている状況です。超個人的な小ネタですが、筆者は井上雄彦氏の『バガボンド』既刊分全巻をアメリカ人の知り合いから譲ってもらったので、日本語版でなく英語版でずっと読んでいます。私の脳内イメージでは、たけぞう（宮本武蔵）はアメコミのキャラよろしくアメリカン・イングリッシュを喋っています。“IF YOU'RE GONNA TRY TO KILL ME… I'M GONNA KILL YOU!”とか…。ちなみにマンガのセリフはあいづちの宝庫です。

これまた個人的な話で恐縮ですが、筆者はビール好きで、特にイギリスのビールが大好きです。しかし実は、イギリスビー

皆、好きなことなら没頭できる

ルに関して日本語で入手できる情報は意外に少ないという事実はあまり知られていません。ちなみに、今流行りのクラフトビールはアメリカンスタイルが圧倒的に多く、イングリッシュスタイルとは全然違うのです！（…と誰も聞いてないかもしれませんが力説）。必然的に英語で情報を追い掛けるしかありません。酒呑みの執念（笑）。

このように、**誰でも自分の好きな分野であれば、楽しく無理なくのめり込むように英語を日常的に触れるようになります。**これが、普段から「必要もないのに」ダラダラと英語を使う一番の方法です。

お友達を作ろう（ただし英語で）

読み書きはともかく、会話の方はどうでしょうか？ これも「勉強」や「努力」などと気負わず、単純に職場や学校の身近にいる海外からの研修生や留学生とお友達になると楽しいです。

え？ 自分はぼっちでコミュ障気味で、友達を作るのはトラウマで苦手だから英語では絶対ムリ？ いやいや、空気を読んだり腹の探り合いをにこやかに強要される日本的ウェットな付き合いに絶望しきった、そんなあなたにこそ、海外の人とコミュニケーションするのはバッチリです。

筆者の個人的体験からすると、少なくとも日本において英語でコミュニケーションを取ろうとする集団の中では（特にその集団が多国籍・多民族であればあるほど)、差別や偏見に遭う可能性はほとんどありません。皆さん親切で温かいです。安心して下さい。むしろ、我々日本人が海外の人に対して(うっかり悪意はなかったとしても)差別的な言動をしないように注意しなければならない立場かもしれません。

職場の同じ部署や大学の研究室で身近に海外の人がいない場合でも、大抵はその組織の中に留学生交流サークルや交流会・親睦会のようなものが存在します。筆者も大学院生時代、よくそのような集まりに(正式なメンバーでないにもかかわらず)出入りしていました。

特に、英語が母国語でない国から来た留学生と会話をする方が、むしろスラングや流行語のない正しい文法でゆっくり喋ってくれます。英会話が慣れていない人でも、多少たどたどしくても、ゆっくり素朴な会話を楽しむことができます。筆者が今現在、飲み会英語ばかり駆使して懇親会を楽しんでいるのも、このようなありがたい経験があったからかもしれません。

もう１つ、海外の人と接することは、単に英語に慣れたり上達したりするだけでなく、異なる文化や異なる価値観の人々ともコミュニケーションを交わすことができるようになる、というプラスの面もあります。

日本にいて日本語だけで仕事や生活をしていると、ついつい相手も同じ文化で同じ価値観だと皆が錯覚してしまいがちですが、その錯覚こそが明確な意思表示なく空気を読むことを強要される元凶かもしれません。

しかし、最初から相手とは文化や価値観が違うということが前提であれば(そもそも言語が違いますし)、できるだけ共通の話題で仲良く楽しく会話する努力をすることを心掛けるようになります。

さらに、場合によっては、こちらが許容できる範囲内で譲歩して相手の満足を優先させたり、相手のプライドを傷つけないように上手く交渉しながらこちらの希望を聞いてもらったりという、交渉術も自然と身につきます。

そもそもプレゼンは、自分の喋りたいこと(研究成果など)を一方的に喋るだけでは伝わらず、相手の興味や理解度によって段階的に手順を追って説明していかなければならないものです。したがって、**本来プレゼンは、自分と異なる立場・考え方・価値観を持つ他者を想定することが大前提**になります。

同じ年代の人が集められて学校という名の檻に長年閉じ込められ、皆が同じような時期に社会に出て「サラリーマン」として同じような社会常識を求められ、立場が違う他者といえば、小うるさい上司と威圧的なクライアントと、何を考えているのか分からない後輩たちの上下関係のみ…では、他者との対等な対話のスキルはなかなか身につきません。

その点で、日本に居ながら異なる価値観を持つ人たちと楽しくコミュニケーションを取る最も簡単な方法論が、日本に来ている海外の人と会話(対話)をすることなのです。

この、異なる立場の人同士が対等な関係で円滑に情報交換をしようという意思こそが、プレゼンの本来のあるべき姿です。

仕事が捗らない時の息抜き（ただし英語で）

以上の方法論は趣味の話でしたが、ここから先は少し理工系に特化した具体的な話をしたいと思います。

例えば、研究に行き詰まった時やどうにも業務の効率が上がらず気分転換したいけれど、何か仕事をやっているフリをしなければならない時はどうしましょうか？

昨今は、職場で堂々と暇つぶし的にネットを徘徊することはなかなかできませんが、例えば以下のようなウェブサイトは、いかがでしょうか？ これなら職場で堂々とネットサーフィンしても、たぶん大丈夫でしょう。

・「Science Kids」
　www.sciencekids.co.nz
・「Science for Kids」
　www.scienceforkidsclub.com
・「Ducksters Education Site」
　www.ducksters.com/science
・「Easy Science for Kids」
　easyscienceforkids.com

これらは子供向けの科学教育の英語サイトです。子供用と侮るなかれ。専門用語をあまり使わず、中学・高校レベルの平易な英語で分かりやすく丁寧に説明されています。一般の人にも分かりやすく説明する科学コミュニケーションの教材としても最適で、日本語でプレゼンする場合のヒントにもなります。

また、もう少し能動的な方法としては、例えば、自分の関連分野の論文のアブストラクト(要旨)を手打ちタイプする、というのはいかがでしょうか？ コピペではなく手打ち。

筆者もグータラな(?)大学院生時代にやっていたのですが、多少ローテクでも文章を１字１句目で追って手で打つ、というフィジカルな作業は自分の脳みそのニューロンを活性化させるには良い方法です。

選択する論文は、Science DirectやIEEE Xploreなどの論文データベースで、ご自分の分野で興味のあるキーワードや著者を検索し、ヒットしたものが最適です。そのアブストラクトを片っ端から打ち込んでいけば、単に論文をナナメ読みしたり、辞書を片手に時間を掛けながら読んでいくよりもはるかに確実かつ効率的に文献情報を脳みそにインプットできます。

この作業、元の英文を見ながらそれを機械的にタイピングするだけなので、作業自体は単調で研究に行き詰まった時や気が乗らない時にも気軽にできます。それでいて案外指が覚えているものなので、「あ、この単語また出てきた」とか「なるほど、こういうシチュエーションでこの表現を使うのだな」などと、単純暗記の単語帳よりもよほど有機的な連関記憶をすることができます。しかもその専門分野の最新動向に精通することになり、一石二鳥。この作業をダラダラと暇つぶし的にやって、100件くらいコレクションが貯まると、効果が抜群に現れてきます。

アンテナを張ろう（これは英語でなくてもOK）

先ほど、「実は筆者は努力が苦手」と思わず心情を吐露してしまいました。もちろん努力を否定するわけではありません。自分に鞭打って努力ができる人は偉い！と思います。どちらかというと、そういう努力ができないダメな自分でスミマセン…、という心境です。かといって天賦の才に恵まれたわけでもありません。では、天才型でも努力型でもないフツーのエンジニアはどうすれば良いのでしょうか（それがそもそも、本書のテーマでもあります）。

私自身、天才型でも努力型でもないので、常に生き残る道を探しています。その第３の方法論を、私は「アンテナ型」と勝手に名付けています。

アンテナ型とは文字通り、常にアンテナを張って新しい情報や自分の知らない情報を探し続ける、という方法論であり、行動様式です。

インターネットが民間に開放されてから20年以上経ちまし

た。当時は「ありとあらゆる情報が無料で手に入る」という夢のような前向きな期待感もありましたが、20年経ってみると、無料で手に入る情報のほぼ90%はジャンクなもので、さらに昨今は、今流行りのフェイクニュースやオルタナティブファクトで溢れかえっています。

このようなカオス的な情報社会の中で的確に情報収集し、情報分析し、情報発信する能力は、皮肉なことに20年前のインターネットがなかった時代より、さらに切実に重要視されてきています。今後、**社会から要請される専門家や研究者の役割も、この情報収集・情報分析・情報発信のバランスの良さがますます求められる**ことになるでしょう。

「アンテナを張る」ことは、この中の情報収集の部分に相当します。実は、これまで紹介した趣味の英語や海外の人と友達になることも、すべて広い意味で情報収集の範疇に位置付けられます。

情報収集は、何も自分の専門分野や仕事の狭い分野の情報だけを集めれば事足りるわけではありません。また、業務やノルマで、しかめっ面をしながらイヤイヤするのでは有益な情報も集まりません。**様々な分野や事象に興味や関心を持って自ら積極的に関与することが、最も重要**な要素になります。まあ、せっかくの人生だから楽しくオモロくやろうよ、ということかな。

一方、我々エンジニアや工学系研究者が日頃から行っている実験や解析は「情報分析」にあたります。もちろん、この作業は非常に重要であり、これがないとエンジニアリングは成り立ちませんが、それを神聖視するあまり「情報収集」がおろそかになっては元も子もありません（もう１つ、「情報発信」が苦手なエンジニアも多いですが、本書はまさしくそのような方々が読者対象です）。

例えば、日本語・口頭発表編（第４幕）や英語プレゼン・質疑応答編（第６幕）で述べたように、**「なぜあなたは、〇〇というテーマ/手法/対象を選んだのか？」**という質問に対していとも簡単に玉砕したり、「指導教員に言われたから」とある意味正直過ぎる回答をしてしまうのも、この情報収集のアンテナの張り忘れに起因します。

確かにそのテーマを与えてくれたのは上司や指導教員かもしれませんが、そのきっかけとご縁に感謝しつつも、そのテーマを他のA君でもBさんでもない自分自身が遂行したら、どのように準備をしてどのように結果を出し、どのようにまとめて誰にどのように理解してもらうのか？ を能動的に考えるところからプレゼンの準備はもう始まっています。

何事も口を開けて待っているだけではエサは誰も運んできてくれません。自ら（時にはリスクを承知で）エサを見つけに動き回らねばなりません。受動ではなく能動。それが「アンテナを張る」ことです。

情報収集・情報分析・情報発信は三位一体

エビデンスは１分以内に出せ

情報収集と分析のための具体的方法論も少しだけ述べておきます。特に筆者の最近の研究は調査研究であるため（主に欧州の再生可能エネルギー導入や電力システムの設計・運用の動向調査が専門です）、情報収集と情報分析がキモとなります。筆者が以前所属していた大学の研究室では、学生さんとディスカッションする際に**「エビデンスは１分以内に出せ」**と指導していました。

研究室の輪講（ゼミ）や修論・卒論の相談の際には必ずノートパソコンを開きながら、根拠となるデータや引用文をできるだ

エビデンスは１分以内に出せます
（訓練すれば）

け速やかに提示するように求めます。うろ覚えや伝聞は禁止です。

さすがに「１分以内」は大袈裟で象徴的な表現に過ぎませんが、これをしつこく言っているうちに半年くらい経つと、大抵の人はディスカッションの際に私の質問や要求を予測してきて、待ってましたとばかり文献やデータを示してきます。このシチュエーションって、第４幕や第６幕の質疑応答の際にも出てきましたよね？

これを繰り返すと、研究室に入って１年経って卒論を書く頃には、各自貸与したノートパソコンに軽く100件以上の論文や報告書が貯まってきます。これを自分なりの整理方法で検索しやすいようにファイル名やフォルダ名を付けていけば、必要に応じて速やかにその文献やデータに行きあたるようになります。

ちなみに、筆者はクラウド上に５千件近くの内外の論文・報告書・資料を保存しており、分野別フォルダで発表年と著者・発行機関などをファイル名に付けています。論文や本を書く際、あるいは特にメディアの取材に答えたりする場合には、記憶を過信せず毎回必ず数値や原文を確認します。膨大な資料の中からエビデンスが１分以内に検索できないと仕事になりません。日々頭の中で、１人問答を続けています(笑)。

もちろん、実験や解析がメインの研究スタイルの方は、上記のような文献調査や検索ばかりに時間を掛けるわけにはいかないでしょうが、調べるべき先行研究・類似研究も数が絞られるので、その分、短時間での情報検索もしやすくなるでしょう。

さらに、これは私自身のアイディアや習慣でなく、筆者の知り合いの研究者のやり方ですが、自分の思い付いたアイディアやディスカッションの内容、疑問点をその場でノートパソコンのパワーポイントにプレゼン資料形式で打ち込んでいく、というメモの取り方もあります。この方式だと、ちょっとした質疑応答やディスカッションが終わった瞬間にプレゼン資料が１つ出来上がっていることになります。これは普段アンテナを張ったり、その結果として得られた情報を論理的にまとめたりするのに、短時間で整理できる効率的なやり方です。未来の自分に説明できないことは他人にも説明できない、というのがその方の持論です。素晴らしい…。

このような瞬間芸的な反射神経や日常的な習慣を普段から心掛けていれば、質疑応答は恐るるに足らず、です。これまで述べたように、**質疑応答では、事前に準備していないものには基本的に答えられません。**やはり日頃の反復的な習慣がプレゼン本番の最後の最後で効いてくることになります。

また、先行研究や従来文献を読むことは、イコールそのまま他者の情報発信に耳を傾ける、ということを意味します。学ぶことは真似ることから始まります。集めた情報に良い表現や良い方法があればそれを謙虚に学び、自らの情報発信に応用することもできます。逆に、自ら論文を書いたりプレゼンをするようになって情報発信の重要性が身に沁みて分かるようになると、同じ立場で一生懸命情報発信している論文の読み方やプレゼンの聴き方も変わってきて、より深く情報収集できるようになります。

プレゼン入門書入門

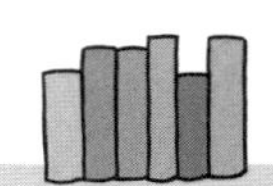

最後に、アンテナや情報収集がらみで、プレゼンや英語発表に関する入門書や指南書についても言及します。研究内容だけでなく、その情報発信の方法論を幅広く情報収集するのもアン

テナのうちの１つです。

まず第１幕のメンタル編でも述べた通り、プレゼンに関する入門書や指南書は世に山ほど出回っていますが、ビジネスマン（特にセールスや企画）向けとエンジニア向けとでは、そもそも目的や方法論が異なるものが多い、という点に留意する必要があります。もちろん、共通するものや参考になるものも多いので、本屋さんのビジネス書コーナーでパラパラとめくってみて、自分に合うものがあればそれを買い求めても良いでしょう。

重要なのは、「これ１冊ですべて万事OK!」という魔法のような本は存在しない、ということです（その魔法にかかっているとしたら多分幻想で、いずれ幻滅で終わります）。様々にアンテナを張って複眼的な情報収集を続けることをお薦めします。

以下に、筆者が個人的に役に立ったり面白いと思った、エンジニアや工学系研究者にも参考になる書籍を挙げておきます。本書の補完的情報源、あるいはセカンドオピニオンとしてお役立てください。

伊藤穰一・山中伸弥著：『「プレゼン」力』講談社（2016）

マニュアル本でなくエッセイに近い。ノーベル賞受賞者だからすごいというのではなく、読んでいて勇気が出る本。ポイントのまとめもツボる。

坂本真樹著・深森あき作画：『マンガでわかる技術英語』
オーム社（2016）

定番だけど、自信のない主人公がだんだん成長していくのはいいよね。プレゼンだけでなく英語論文の読み方・書き方など実際に使える例文や具体的方法論も豊富。

野口ジュディー・照井雅子・藤田清士著：『Judy先生の成功する理系英語プレゼンテーション』講談社（2014）

本書で取り上げる余裕がなかったポスター発表に関するノウハウや方法論が豊富。CD付きで、スピーキングの勉強にもなります。

宮野公樹著：『学生・研究者のための使える！ PowerPoint スライドデザイン』化学同人（2009）

デザインセンスが良く、シンプルで理解しやすいスライド作成のノウハウ満載。そしてエンジニア向きは貴重。

大杉邦三著：『携帯 会議英語』大修館書店（1984）

国際会議のための表現辞典。例文が死ぬほど豊富で参考になります。第６幕で取り上げた敬意表現もアリ。特に議長・座長が回ってくる中堅クラスの人にオススメ。

馬場吉弘著：『電気電子系学生のための英語処方―論文執筆から口頭発表のテクニックまで』電気学会（2013）

例文や様々なノウハウ・テクニックが満載。しかも電気系の例文が豊富なのは超貴重。なお、本書は「読みもの」的要素が強く、英語の例文は必要最小限に留めているため、より詳しく学びたい方は、同書を補完的に読まれることをオススメします。電気系必携書。

ここに挙げられなかったものでも、良い文献はまだまだあると思います。ぜひ皆さんもアンテナを張って自分自身で自分に合ったものを探してみて下さい。能動的に。

- ☑ 英語プレゼンに直前の付け焼刃は通用せず。日頃の習慣がモノを言う
- ☑ 苦行でなく、楽しくラクして、毎日英語に触れるべし
- ☑ 自分と立場や価値観の異なる他者を常に想定せよ
- ☑ 生き残りのために、常にアンテナを張るべし
- ☑ エビデンスは１分以内に出すように習慣づけるべし
- ☑ 質疑応答の備えは日常から

Breaktime

アサーションをご存知ですか？

「アサーション（assertion）」という言葉や概念をご存知でしょうか？ 辞書的には単に「主張」と訳されますが、心理学用語としては「自他尊重の自己表現」という意味になります。

アサーション理論によると、自己表現は以下の3つのタイプに分類されます（参考：平木典子『アサーション入門』講談社現代新書）。

- **非主張的（non-assertive）**：自分の意見や気持ちを言わなかったり、言っても相手に伝わりにくい自己表現。「自分はダメだ」「言っても分かってもらえない」など。
- **攻撃的（aggressive）**：相手の気持ちは無視あるいは軽視して、結果的に自分を押し付けることになる表現。「言い負かす」「命令する」「操作する」など。
- **アサーティブ（assertive）**：自分が話したいことを非主張的にも攻撃的にもならず、率直に伝えると同時に、話した後には相手の反応を待ち、対応することも含んだ自己表現。

分かりやすい例としては、『ドラえもん』ののび太くん、ジャイアン、しずかちゃんの言動が典型的です（と表現する専門書も実際あります）。

筆者のこれまでの教育現場での経験では、プレゼンに苦手意識を持つ人の多くは非主張的な傾向があり、過去に攻撃的自己表現の人から受けた嫌な思いがその原因の一端なのではないか、とも感じています。

残念ながら、世の中には非主張的と攻撃的な自己表現しかないと思い込まされている人も多く、昨今では「マウントをとる」とかイヤ〜な言葉もあるようです。非主張的な人が突然キレて、攻撃的にスイッチするケースもあります。このような風潮はひとえに、多くの人がアサーションという概念を今まで誰からも教わっていないからだと考えられます。個人の問題ではなく、教育の問題です。

非主張的でも攻撃的でもない第3の方法があるということを皆が知れば、ちょっとした気づきと無理のないトレーニングでアサーティブな自己表現も少しずつできるようになり、他者との情報交換としてのプレゼンも楽しくラクになるのでは、と筆者は考えています。

第10幕　英語で交渉！編

英語で意思表示をしよう。できれば日本語でもね

第10幕は、英語プレゼン編の勢い余って延長戦、ということで「英語で交渉！編」です。少人数のラウンドテーブル型の国際委員会や小規模な打ち合わせで、どう自分をアピールするか、について考えていきます。会議はすなわち交渉です。

会議は好きですか？

突然ですが、皆さん、会議は好きですか？ 楽しいですか？面白いですか？ もしかすると日本ではほとんどの人が「嫌い」「楽しくない」「面白くない」と答えるかもしれません。

そう答える人は、おそらくその会議で発言権限がないとか、数合わせだけの出席義務とか、意思決定ができないアリバイ会議だからでしょう。つまらん会議は本当に時間の無駄で苦痛ですし、日本全体で生産性や経済効率性を著しく下げていると思

います。

筆者自身はというと、会議は好きですし、楽しいですし、おもろいです。なぜなら、現在ありがたいことに、自分の興味のある議論をする会議に出席でき、自由に発言することができ、意思決定に加わることができる環境にあるからです。すみません(って、誰に対して謝っているんだか…)。

筆者は、右も左も分からない30代の頃からIEC(国際電気標準会議)の専門家会合に放り込まれましたが、そこで驚いたのは、会議の主役は30～40代の人たちだということです。

もちろん重鎮やオーソリティーの方も座っていますが、大抵、腕組みをして聞いているだけで、重要なところだけ静かに重く短く発言をする、という感じです。威勢良くバンバンと発言するのは若い世代です。

もともとこのような国際委員会や専門家会合では、お互いファーストネームで呼び合い、年齢は(人種、民族、国籍、性別も)まったく関係ないフラットな関係なので、ヒエラルキーや年功序列のような「見えない空気を読む」必要はありません。

実際、彼ら・彼女らもただ喋りが得意で声が大きいというわけではなく、その会社や組織の中でそのミッションに関して比較的大きな裁量権を与えられ、ロジスティクス部隊のサポートもあり、情報も集まります。第9幕の英語プレゼン・事前準備編で述べたような情報収集が十分準備できている段階で会議に臨んでいます。

このような国際委員会では、若いメンバーでも「社に持ち帰って検討します」などという発言はほとんど聞いたことがありません。仮にそのような発言をしようものなら、「では、あなたは何のためにここにいるのか？ 自分で判断できる人を連れて来い」と言われかねません。一度も発言せず、黙ってメモだけ取って帰っていくのも超NGのマナー違反です。

日本では「ほう・れん・そう」を部下に強要する上司が多いですが、それは現場に裁量権を与えないで箸の上げ下げまで差配することに等しく、グローバルな交渉の場（特に矢面に立たされる前線）ではほとんど役に立たないですよね…。

英語で交渉！の3つの基本

プレゼンは、なにもスライドを使って壇上から発表するだけではありません。会議中に突然あなたの意見を求められたり、手を挙げて相手と異なる意見を言わなければならないシチュエーションもあり、これらは立派なプレゼンのうちの一形態です。実際、国際委員会では、事前あるいは状況によりその場で議長に申し出て、5分程度のショートプレゼンを行うこともよくあるパターンです。

また、少人数会議でのプレゼンや発言は一方通行ではありません。必ず双方向の質疑応答や意見の応酬を伴います。プレゼン終了後に質疑応答という形だけでなく、プレゼンの最中に矢のような質問やコメントがバンバン飛んでくる場合もあります。相手のプレゼンに対して、直ちにこちらが賛成や反対の意見を言わなければならない場合もあります。まさに「交渉」です。

「英語で交渉」というと、「いやいや、そんな高度なこと、自分には…」と思ってしまう人も多いかもしれませんが、ここで紹介することは、それほど難しいことではありません。やるべきことは単純に、

① 自分の意見をはっきりと述べる

② 相手の意見をきちんと聞き、それに対して意思表示する

③ 分からないことは質問・確認する

ということだけです。しかも基本的に中学・高校英語で十分通じます。もしかしたら、欧米でも上流階級であれば腹芸的な高度に婉曲的な修辞法もあるのかもしれませんが、まあ、そんなのは善良なエンジニアには無縁ですし、私も興味ありません(笑)。

この単純ですが、明快な意思疎通をすることこそが、真の情報交換(プレゼンの最終目的!)のための方法論です。

英語で意思表示

上記の３つの基本に従って、順番に例文を紹介していきましょう。

例えば、自分の意見を明確に述べたい場合は、

In my mind, …

　…と思っています。【比較的軽い口調。会議でもよく使われる】

In my opinion, … / My opinion is …

　私の意見は…です。

I believe …

　私は…と確信しています。【強い意思表明】

I have reached a conclusion that …

　私は…という結論に達しました。

After serious/due/long consideration, …

　熟慮したところ…、

などがあります。

日本の、特にエンジニアリングの分野では、徹底して主観よりも客観の方が大事と教育されます。それゆえ、この**「私は」を主語にして自分の意見を述べることは、おそらく日本のエンジニアが最も苦手とするものの1つに数えられる**かもしれません。

科学技術論文では、確かに英語でも I think…（私は…と思う）などと能動態を用いた主観表現は好まれず、It is thought…（…と考えられる）という受動態による客観表現を使う方が望ましいと指導されます。

しかし、プレゼンや交渉の場では違います。特に意思決定や判断を伴う場であればなおさらです。

例えば、“believe”という言葉は、辞書的には「信じる」という訳が一番上に登場するので、多くの日本人にとっては宗教やエモーショナルな印象を与えるかもしれません。筆者も実際、英語のネイティブスピーカーに「この文脈でbelieveを使ってOKですか？」と聞いたことがありますが、「あなたは、ちゃんとデータとエビデンスを元に論理的にその結論にたどり着いたのでしょう？ だとすれば、そこはやはりbelieveですよ！」と逆に励まされたことがあります。

日本人の過度な客観性信仰とその結果としての主観性忌避は、口頭試問ではなく筆記試験、小論文でなく穴埋め、筆記よりマークシート、といった形で日本の教育界の至るところに巣食っています。主観を排すあまり主体性も排除しているかもしれません。しかもうっかりすると、それに染まっていること自体に気づかない場合も…。

しかし、その発想と行動様式ではグローバルな世界では戦っていけず、日本の中でも将来生き残っていくことが難しいでしょう。

視線や表情もカードのうち

さて、第５幕の英語プレゼン・懇親会編であいづちをカードのように準備して使い分けるということを述べましたが、自分の意見を表明する際に、前述のような間投詞句をカードのように切ると、ワンパターンにならずに済み、しかも自分の発言の重要度も制御できて相手の耳目を集めることもできるようになります。

この際、単に喋るだけでなく、可能であれば表情や目線も制御できるようになるとベターです（これは壇上で喋るプレゼンの時と同じです）。

下を向いてメモや原稿を読み上げるだけではちっとも説得力はありません。能面のような無表情で喋っても相手は信用してくれませんし、終始ヘラヘラと薄笑いを浮かべているのも印象が悪くなります。日本人は何を考えているのかよく分からないよ！と言われるのは大抵これらのパターンです。単純に「英語を喋る」だけでなく、この**ノンバーバルコミュニケーション（言語によらない会話。身振り手振り）は意思疎通を円滑にするために重要なカード**です。

前述の間投詞を一旦投げた後で、出席者全員を見渡したり、自分の意見を伝えたい人にアイコンタクトしたり、場合によっては、にこやかに軽くスマイルを作ったり（決してヘラヘラではなく）、口を固く結んで強い意思を見せたりと、やはりいくつかカードを用意して状況ごとに使い分けると良いでしょう。これも日頃の準備と意識でコントロール可能です。まあ、義務ではなく、あくまでカードゲームを楽しんでください。

視線や表情もコントロール

同意の意思を示す

相手が意見を言う番ではどうでしょうか？ ただ受動的に聞くだけではなく、相手に対して明確にこちらの意思表示をする方が良いでしょう。

同意を表明する場合は、以下のようなものがあります。

Agree.

　賛成。

I agree with that.

　私はその意見に賛成します。

I fully (completely) agree with that.

私はその意見に完全に同意します。

That's good. / Sounds good.

それはいいですね。

It makes sense (to me).

なるほど。/ 納得しました。/ その意見は筋が通ってますね。

これらのうちいくつかは、あいづちとしても使えます。

ここで重要なのは、やはり相手の目を見て、アイコンタクトをきちんと取ったり、大きくうなずくなどのノンバーバルコミュニケーションを併用することです。逆にアイコンタクトさえできていれば、少し遠い席で自分の声が届かない場合でも、意思疎通は可能です。

不同意を表明する

相手の意見に対して不同意の立場を表明しなければならない場合はどうすれば良いでしょうか？ 日本語ではなかなか言いづらいですが、英語の会議では逆に積極的にしないと損です。「沈黙は同意」を表しますし、**不同意は決して敵対を意味するわけではありません。**

この表現も、以下のような形でカードを取り揃えておくと良いでしょう。なお、NG表現の場合は、×印をつけてあります。

I disagree.

賛成しません。／反対です。

I don't agree with you.【×】

私はあなたに反対です。【全否定になってしまうのでNG】

I don't agree with that.

私はその意見に反対です。【特定の案件について反対を表明】

I cannot agree with that.

私はその意見に賛成できません。

【個人的意見ではなく、立場上の意見のニュアンスが出る】

I have a different opinion.

私は違う意見を持っています。

It doesn't make sense (to me).

(私には)納得できません。/ その意見は筋が通っていません。

【比較的気軽に使われる】

ラウンドテーブル型の会議や委員会は、勝ち負けを競ったり相手を打ちのめす場ではありません。相手をリスペクトしない攻撃的な物言いはご法度です。否定や不同意は毅然として述べるものの、範囲を限定したり、条件つきだという態度を示すと良いでしょう。

ここは中学英語で習う「部分否定」が役に立ちます。さらに、"I am afraid〜"(〜ではないでしょうか)などの婉曲・弱調表現をつけておくと、議論が円滑に進みます。ある程度カードとして用意して、所々に使えば、マナーを遵守してきちんと議論ができる人だと評価され、交渉も円滑になる可能性があります。

I don't fully (totally/entirely) agree with that.

私はそれに完全には賛成しません。

I cannot agree with a part of your opinion.

あなたの意見には一部賛成できないところがあります。

Honestly (Frankly), I disagree.

正直に言うと、反対です。

You are wrong.【×】

あなたは間違っています。【全否定なのでNG】

I am afraid you misunderstood that.

その点について、誤解されているのではないでしょうか。

You may have misunderstood that.

その点について、誤解されているかもしれません。

もちろん、相手の考えを一部分でも否定したり、不同意を示すからには、**理由をきちんと述べ、エビデンスを提示することも必要**です。上記の文章の後に、"Because…"と続けられれば説得力は増すでしょう。

妥協点を探る

相手の考えに対して反対や不同意を示してばかりでは生産性がありません。会議には必ずcompromised point（妥協点）が存在します。

ここで日本語で「妥協」というと、後ろめたさや密室の議論のようなニュアンスがありますが、英語（特に欧州圏共通語としての英語）では、“compromising”はポジティブな意味で使われることが多いです。

特に国際委員会では、国籍や所属する組織のタイプや、そこでのポジションも皆バラバラです。最初から皆が一致する点などほとんどないところから議論がスタートします。お互いが努力して参加者全員が納得するcompromised pointに到達することがまさに議論の目的そのものです。

そこで、相手の意見に対して単純否定ではなく、修正案を持ち掛けるのはよくあるパターンです。例えば、

You should take Plan A.

プランAの方が良いのでは？【“should” は中学英語で「すべき」と習うが、命令口調ではなく、比較的軽く使われる】

Why not (take) Plan B?

プランBではどうでしょう？

How about Method X instead of Y?

　Yではなく、Xという方法はどうでしょうか？

How do you think from Z's viewpoint?

　Zの観点からはどうお考えでしょうか？

Is there no room to consider the alternative plan W?

　代替案Wを考える余地はないのでしょうか？

などが考えられます。

確認する技術

　ラウンドテーブル型の議論では会話や話題はどんどん流れていき、相手が言っていることが聞き取れなかったり理解できなかったりすることはよくあることです。そこに食いついていくには、ただ受動的にヒアリングすれば良いわけではありません。そこで重要なのが「聞き返しの技術」です。

　ちなみに、筆者は恥ずかしながらTOEICの試験を受けたことがありません。参考書は時々チラ見しますが、正直に告白すると、いやー、絶対いい点数を取れる自信がありません！　特にヒアリングが…。

　TOEICのヒアリングのテストでは、たった１回だけの早口のアナウンスに対して、すべての情報を聞き取って設問に答えなければなりません。やれ明日はどこに何時に集合だとか議題は何で最初のプレゼンはジョンで２番目はケティーで、ボブは何時に退席するとか、いっぺんに全部覚えきれません。ムリっ！

一方、私が国際委員会の現場で実際にやっていることは、例えばこんな感じです。

Sorry, say it again?
すみません、もう一度。
Could you say it again?
もう一度言っていただけませんか？
Can I make sure?
確認していいですか？
Could I confirm that?
その点、確認させてもらえますでしょうか？
Could you write it down here?
ここに書いてもらえませんでしょうか？
So, your point is XXX, isn't it?
では、要点はXXXということですね？
My understanding is YYY. Is that right?
私はYYYと理解したのですが、正しいでしょうか？

「日本人はメンバーとしては参加しているけど、quiet（静か）だよね」というのは、海外の国際委員会関係者からよく聞きます。ジタバタとでも頑張って聞き返す技術って、受験英語やTOEICでは残念ながらほとんど教わりません（私はIECの現場で「体得」しました）。

日本人は概してお行儀が良いですがquietで、これでは双方向コミュニケーションが取りづらく、会議の本質的な目的である情報共有や意思決定・合意形成から遠ざかってしまうような気がします。

会議に「参加」しよう

お行儀という点では、海外のメンバーは概してお行儀が悪いです。例えば、人がプレゼンしている最中に内職や飲食はOKでしょうか？ 日本の会議では絶対NGでしょう。特に上司やクライアントの前では。

国際委員会では、完全ペーパーレスなので、全員ノートパソコン持参です。皆さん、メールやらSNSやら次の会議の資料作りやら内職しまくりです（笑）。そして、たとえダバダバと内職していたとしても、発表者のプレゼンが終わった途端、ハイっ！と手を挙げて「質問が３つあります。まず…」などと矢のように質問を浴びせかけます。聖徳太子か、アンタは。

酷い場合には、ハイっ！と手を挙げてから、つかつかと席を立ってリンゴを手に取り（海外の会議では大抵お菓子や果物が出る）、ムシャムシャとリンゴをかじりながら机に座って（椅子ではない！）フランクかつ容赦なく質問を畳み掛けます。それでも、人の話を遮るマナー違反はほとんどありません。これが彼らの「会議への参加」の仕方です。

対して、お行儀の良い日本の会議では、限られた人だけしか発言せず、皆さん下を向いてメモだけ取って帰って、議事録や参加報告書を提出することが「会議への参加」だとみなされる…。どちらが楽しくおもろい会議でしょうか？

どーでもいいけど、名刺はいつ渡す？

脱線ついでにもう１つ。「海外では名刺はいつ配ったらいいのでしょうか？」という質問を日本人からしばしば聞かれます。私の答えとしては、「テキトーでOK」です。

日本では新入社員研修の際に「両手を添えて」とか「名刺入れの上に乗せて」とか事細かいお作法（！）を習いますし、もらった名刺を持ち帰ることが海外出張の最大のミッションかのような発想もあるようです。

海外では、会議開始前に会釈30度で名刺交換といった謎の儀式はありません。日本文化をよく知っている人はちゃんと両手を添えて名刺を差し出すというジャパニーズスタイルに付き合ってくれますが（そして、なぜか大抵ドヤ顔をする）、日本の風習を知らない人も当然多いので、握手をしようと差し出された手に名刺がスポッと差し込まれるというマンガのようなシーンを、筆者は実際に複数回目撃したことがあります。

名刺はいつでも渡せばいいですし、渡さなくてもいいのです。帰り際に慌ただしく、カジノのディーラーのように名刺をシュシュっと机越しに飛ばす人や、「名刺忘れちゃったよ。メールアドレス知ってるよね？」とか、皆さん超テキトーです。結局、名刺は連絡先を伝える手段に過ぎません。

会議中に積極的に発言していれば、休憩時間に「さっきの情報、もう少し詳しく聞かせてほしい」と向こうから名刺を差し出して声を掛けてきますし、ずっとquietのままだと、儀礼的に名刺を渡しても「あ、どうも」と無関心にポケットに入れられてしまうだけです。

彼らにとって**重要なのは、名刺を交換することではなく、実質的な情報を交換すること**なのです。

要求事項を制御せよ

最後に、国際委員会ついでに要求事項requirementの話をしておきましょう。筆者が参加するIECの専門家会合では国際規格の原案を提案しますが、面白いことに、「規格文書の表現を定める規格」というものもあります。要求事項の表現はISO/IEC Directives Part 2; Edition 7.0 2016やJIS Z8301：2011「規格票の様式及び作成方法」で定められており、そこでは次のような要求事項の表現が厳密に定められています。

shall	～しなければならない【要求】
should	～することが望ましい【推奨】
may	～しても良い【許容】
can	～できる【可能】

上にいくほど厳しい要求事項になりますが、この要求事項のレベルはなんとなくニュアンスでテキトーに決められるのではありません。特に、"should"は中学英語で「すべき」と習うので誤解も多いですが、実は義務的要求ではなく推奨だということは、日本であまり知られていないかもしれません。

IECの原案を作成する専門家会合では、技術的・経済的実現可能性や安全性・公平性の観点から慎重に議論され、要求事項のレベルが選択され決定されます。場合によっては、ある文章をshallにするかshouldにするかだけで、ショートプレゼン合戦をしながらデータやエビデンスの応酬で、小一時間も喧々諤々と議論が続く場合もあります。それくらい要求事項のレベルは重要です。

筆者の個人的感触では、日本人の多くが（規格にある程度馴染みのあるエンジニアでさえも）、この要求事項のレベルに日常的に無頓着で、相手や自分になんとなく過度な要求を課しているような気がします。

例えば、前述の「ほう・れん・そう」を部下に強要する上司は、本来、shouldやmayやcanなど多様な選択肢があるところを、部下に裁量権を与えずshallでしか他人をコントロールしない人です。命令でしか人をマネジメントできない典型的なダメな上司って、日本に多くないですか？

プレゼンや英会話に対する姿勢も同様です。自分自身に対して過度なshallを課し、その重荷に耐えかねて苦手意識を再生産し、結果的に「何もしない」というベタ降りのリスク回避を選択する…、というパターンに皆さんもうっかり陥っていませんでしょうか？ これらはすべて**要求事項の不整合性に端を発するもの**だと筆者は考えています。

命や安全に関わることはshallで厳しい要求が必要ですが、それ以外は多様性を尊重して、shouldやmayやcanで各自のペースで楽しくゆるくでええやん…、その方が自ずとベストパフォーマンスになるのでは？ というのが筆者の考えです。

ここで紹介した会議や交渉の基本を英語で一旦身につければ、それを日本語にも応用することで、高度に婉曲的な腹芸や忖度が蔓延する日本のつまらん会議も、少しずつ改善できるのではないかと筆者は考えています。少なくとも日本で筆者が委員長や主査を務める会議では、そのような方針で主催しています。

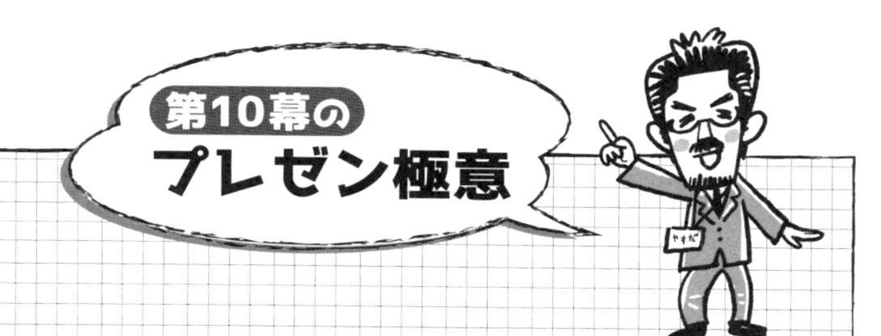

☑ 交渉の基本は、以下の3つ

- 自分の意見をはっきりと述べよ
- 相手の話をきちんと聞いて、意思表示せよ
- 分からなければ確認せよ

☑ お行儀やお作法も良いけれど、まずは会議に「参加」せよ

☑ 要求事項のレベルを制御せよ

第11幕

対談

日本人の英語はネイティブスピーカーにどう見られているか？

一連の英語プレゼン編を終了したところで、第11幕では、日本人の英語はネイティブスピーカーにどう見られているか？という日本人が最も気になるテーマに切り込みたいと思います。

というわけで、筆者の知り合いの研究者で、英語を母国語とする方にインタビューを行いました。対談にご協力いただくのは、ベルギーおよびドイツの送電会社のコンサル部門会社であるElia Grid International社にお勤めのRena Kuwahata(桑畑玲奈)さんです。本書の英語例文も、実はこのRenaさんにずっとネイティブチェック(英語話者による英文校正)をしていただいておりました。

Renaさんは、オーストラリアで学位を取った後、スウェーデンで工学修士を取得し、ドイツの再生可能エネルギーや電力システム関係のコンサル・シンクタンクに所属した後、現在の職場（ベルリン）に移籍されるという、まさにインターナショナルに活躍されるエンジニアです。同時に、小中学校は日本で過ごした経験もお持ちなので、英語が母国語ながらも日本語も堪能で、日本的なウェットなマインドもご理解いただけるという、我々英語が苦手な日本人にとっては稀有な助っ人です。この対談も基本的に日本語で（時々熱が入ってくると英語にスイッチしますが）行いました。

本対談記事は、日本とドイツを結んでスカイプでの会話を元に構成しています。

日本人の英語ってどう？

Yoh（以下、Y）：本書では様々な形でご協力いただき、ありがとうございます。どうぞよろしくお願いいたします。

Rena（以下、R）：こちらこそ、どうぞよろしくお願いします。

Y：さて、今回はずばり、「日本人の英語はネイティブスピーカーにどう見られているか？」というテーマですが、国際会議で日本人が喋る英語って、英語話者のRenaさんにとってはどのように聞こえてますでしょうか？ まず、良いと思う点からお聞かせいただければ。

11 対談

R：はい、安田先生が書いているように、やっぱり日本人の方のプレゼンって、分かりやすいですよね。えーと…、Good structure in presentationっていう感じでしょうか。
Y：なるほど、構成が良くて話の流れがしっかりしているということですね？
R：そうですね。しっかりストーリーを立てていて、分かりやすいです。
Y：おお。そう言っていただけると勇気づけられます。英語のネイティブスピーカーだからといって、必ずしもプレゼンが分かりやすいってわけではないですよね…。
R：そうそう。自分の母国語だと話がすぐ脱線したり、準備をあまりしてなかったりで…。特にアメリカ人とか（笑）
Y：あるある（笑）
R：やっぱりスライドに書いてあることと喋っていることがまったく違うと、結局何を言いたいのか分からないですね。
Y：確かに。逆に日本人のプレゼンでよくある残念なところって、ありますか？
R：うーん。スライドに文章をそのまま書かれると、読むのが大変ですね…。スライドに書いてある文章をそのまま喋ると、かえって聞き取りづらくなるので、重要なことを付け足すなど、ちょっとした工夫をした方が良いと思います。
Y：うむ。なるほど…、これも第８幕で取り上げていますが、やはり大事ですね。

R：あと、発表練習をきちんとしているようで、プレゼンはとても良く進むのに、質疑応答になるとガクっと答えられないとか、ギャップが大きいですよね。

Y：うーむ。やはり多くの日本人にとって、質疑応答が鬼門のようですね…。

R：発表も質疑応答も、丸暗記じゃない方がいいと思います。間違ったとしても、自分の言葉で喋った方が印象はいいです。

Y：確かに。

プレゼンは堂々。質疑応答は…

11 対談

筆者の英語のレベルは？

Y：えーと、聞くのが怖いので恐る恐る質問ですが、私の喋る英語ってどうですか？

R：え？ 安田先生の英語ですか？ 全然日本人っぽくないですよ。

Y：なんか初めて国際会議でお会いした時もそう言われたような気がしますが、そ、それってどういう…。

R：完璧に喋れなくてもちゃんと説明したり質問したり、メインポイントを相手に伝える努力をされていますよね。

Y：おぉ。ありがとうございます。ポジティブな評価をいただいて少し安心しました。でも、文法ミスとか、いつもむっちゃ間違ってますよね…。この歳になると、少しはちゃんとしたフォーマルな正しい英語を喋らんとあかんとは思うのですが…。

R：でも、普段日常的に英語が必要でない環境だと難しいですよね。私も今ドイツで仕事をしていますけど、英語と同じレベルでドイツ語を喋ることはできませんし…。母国語と同じレベルで外国語を喋ろうとするのはやはり難しいですし、仕事とはあまり関係ないような…。

自由でいいんだ

Y：ベルリンの職場では、英語が公用語？

R：基本、英語がメインですが、色々な国の人が来ているので、皆それぞれ自由な英語を喋っています。

Y：自由でいいんだ(笑)

R：アクセントとか、発音も皆色々で自由ですしね。

Y：英語ネイティブの人は使わないけど、「欧州共通語」みたいな英語ってありますよね。例えば、第10幕のネイティブチェックの際に私が“After deep consideration”って書いたら、「ネイティブは“deep”は使わない」って言われて直されましたよね。

R：ネイティブスピーカーは、deepは使いませんね…。でも確かに、私の周りのドイツ人は皆使ってるかも。

Y：そうそう、IEC（国際電気標準会議）の会議でも結構使う人が多いです。だからてっきりそれが正式な英語表現かと思っていました。ネイティブの人から見たらヘンな英語なんですね。

R：いいんじゃないですか？ 欧州語っていうことで…。

Y：いいんだ(笑)。すばらしい寛容さ。

R：欧州では、英語が母国語でない人の方が多いですからね。

Y：確かに、私も30代の半ばからIECやIEA（国際エネルギー機関）の専門家会合に放り込まれたけど、欧州がメインだったのはラッキーでした。

R：確かにアメリカだと、英語が喋れない人と話をするのに慣れていない人もいるし、スラングや流行り言葉もあるので、欧州とは違うかもしれませんね。

Y：私にとってアメリカの国際会議の何がしんどいって、彼らはよく、「スピーチの中に３分に１回はジョークを織り交ぜなければならない」とか言うでしょ。アメリカに行くとよく分かるけど、あれ、絶対ウソですよね。

R：そうなんですか？

Y：彼らは３分に１回どころか、１分に１回ジョークを言ってる。

R：（笑）

Y：これは非ネイティブスピーカーにとってはツライ。なんとなく言ってることは理解できても、なぜ皆そこで笑うか分からん。超疎外感でアウェー感ありまくりです。アメリカに行くたびに英語コンプレックスになって帰ってきます。

R：いや、アメリカンジョークは、私も何言ってるのか分からないですよ（笑）

ほうれんそうってナニ？

Y：ところで、欧州の企業や組織の中での会議や打ち合わせのルールやマナーについてお聞きしたいのですが…。「ほう・れん・そう」って英語ではあります？

R：いや、原稿チェックの時にも気になっていたんですが、「ほうれんそう」って何ですか？ 野菜…じゃないですよね？

Y：「報告・連絡・相談」

R：なるほど！（笑）

Y：まあ、ダジャレのようなものですね。流石に、Renaさんが日本で過ごしたのは小中学校の時だから、教わりませんよね…。まあ、小さな島国のローカルルールだから、知らなくてもいいですよ（笑）。似たような表現って英語ではあります？

R：うーん。“Good communication”とか？

Y：上司や顧客との円滑なコミュニケーションってことでしょうか？

R：それは確かにありますね。電話の応対の仕方とか、クライアントへの礼文とか、上司に注意されることはあります。

Y：ほほう。

R：でも、上司によってもやり方が違うので、その場で慣れるしかないですね。

Y：上司によって違う…（笑）。やはり欧州でも小うるさい上司っているんでしょうか？

R：それも人によりけりですね…。でも、基本的には仕事に慣れてきたらある程度責任を持たされて、１人で任されます。

Y：私もIECの仕事をしていて思うのですが、40代の人でも比較的大きな裁量権を持っていますよね。

R：そうでないと、迅速に意思決定できませんよね？

Y：いやまあ、まったくその通りなんですが、日本では…（ゲフンゲフン）

プレゼンのトレーニングはどこで？

Y：会社の新人研修って欧州ではありますか？

R：うーん。今の会社に入った時は半日くらいでしょうか…。スウェーデンの大学院に行く前にオーストラリアの電力会社で働いていましたが、その時は1週間くらいだったかな…。

Y：日本では半年くらいある会社もザラです。

R：えっ？ 半年も何するんですか？

Y：名刺の渡し方とか（笑）

R：（笑）

Y：あと、ディベートとかプレゼンの練習とか。

R：ディベートやプレゼンは学校ではやりましたけど…。

Y：なるほど。では、欧州の大学とか教育機関では、ディベートとかプレゼンのトレーニングって、カリキュラムの中に組み込まれているのでしょうか？

R：学部や大学院では、プレゼンやコミュニケーション、レポートの書き方などは、普通の講義とは別にExtra Curriculumで習います。

Y：ふむ。特別授業のようなものでしょうか。それって必修？

R：必修です。皆取りますが、必ずしも全員真面目に受けているわけではないです。先生によりけり。

Y：どこでも同じですね（笑）。それってどれくらいの人数のクラスでしょうか？

R：うーん。30人くらいかな…。

Y：おお。少人数教育ですね。日本では、文系だと2回生くらいからゼミが始まってプレゼンとかありますが、理系だと4回生になって研究室に配属されるまで、プレゼンやディベートの機会がほとんどないという大学も多いと思います。

R：え？ そうなんですか？ それって、社会に出た時困りませんか？

Y：そうなんです！（と机を叩く）。まあ、4回生になって輪講とか研究発表とかできちんと鍛える研究室もありますが、研究室は実験や解析がメインなので、指導教員の意識次第ですね。プレゼンの方法論など系統立ててカリキュラムがあるわけではありませんので…。研究室に入るもっと前からトレーニングの機会があるといいんですけどね。

R：高校では？

Y：最近は、そういうカリキュラムを組む学校も増えつつあるようですが、学生さんに聞いても、まだまだ少ないし、あっても発表は希望者だけとかだと皆逃げて回っちゃうようです。実際に研究室に入る前に一度もプレゼンを経験したことがないという学生さんは理系では多いですね…。

R：そういえば、私も日本の中学に通っていましたが、人前で何かプレゼンする機会はあまり記憶にないですね。

Y：日本全体の教育システムの問題かもです。アメリカでは、幼稚園の頃からプレゼンの練習があるそうですね。オーストラリアでもありましたか？

R：ありますよ。"Show and tell"ですね。週末に何をしたかとか、自分の好きなものを持ってきて、いつ誰にもらってどうしてお気に入りなのかとか、皆の前で発表します。毎週のようにあります。うちの３歳になる娘もこの前、幼稚園で早速してきました。

Y：なんとドイツでも！しかも３歳からとは…。「他者に説明する」というトレーニングを小さい頃から当たり前のように繰り返しているんですね。日本人の交渉力が圧倒的に弱いのが分かる気がします…。

日本の会議はどう？

Y：Renaさんは、最近日本でのお仕事も増え、来日された際に日本の会議にも参加することが多いそうですが、欧州の人から

プレゼンは幼稚園から

見て、日本の会議ってどう見えますでしょうか？

R：安田先生も書いていましたが、quietな人って実際に日本では多いですよね。以前日本であった会議では、テーブルが２列になっていて、前に座っている人だけが質問して、後ろに座っている人は一言も喋らないで、皆メモだけ取っていました。これは欧州では見られない光景です。

Y：うーん。眼に浮かぶようなありがちな光景。やはり日本の習慣ですかね…。

R：いや、別のアジアの国でもありました。

Y：なるほど、アジアの習慣なんですかね…（笑）。逆に、欧州ではつまらない会議ってあります？

R：ありますよ。形だけの会議だったり、結論が出ない、何のためにあるのか分からない会議。

Y：やっぱりあるんだ…(笑)

R：でも、出席したい会議と出席しなくてもいい会議はある程度自分で選べるので。

Y：おお、それは素晴らしい。私もありがたいことに、今はつまらん会議はほとんどないですが、昔は選ぶ権利はなかったなぁ…。

R：会社も経営効率や付加価値を気にしますので、ミーティングも同じです。出席をするのであれば、価値を持ってこないと、お前は何のために来てるんだ、と言われてしまいます。発言しないとまずいです。一生懸命、質問を考えなきゃいけません。

Y：おお。それはエキサイティングでいい会議ですね。日本もそういう会議が増えるといいのですが…。じゃあ、quietな人って欧州ではいます？

R：うーん。いなくはないですが…。聞いた話ですが、ある会社でクビになっちゃった人がいたのですが、解雇の理由の１つが、会議でいつも何も言わなかったからだそうです。意欲がないと見られてしまっても仕方ないですね。

Y：うわっ。厳しいですね。まさにグローバル社会。

日本の方にアドバイス

Y：最後に、日本の方、特にプレゼンや英語に苦手意識を持つ日本のエンジニアの方々に、ぜひアドバイスをいただければありがたいです。

R：はい…。外国語を勉強するのは確かに難しいですし、慣れてないことをするのは大変です。私も日本語でプレゼンするのは大変で、恐怖心もあります。何回もやって慣れていくしかないですし、自分から機会を増やしていかないとだと思います。慣れていくと楽になりますし、そうなるように自分から求めていくのが良いと思います。

Y：ありがとうございます。しかし、そうだったんですね。日本語むっちゃペラペラなRenaさんでも、日本語プレゼン、緊張するんですね。

R：いや〜、日本語は中学生までなので、特に専門用語とか日本語ではとっさに出てきませんし、この前、安田先生に論文を見てもらった時も随分赤ペンで直されてしまいましたし…。

Y：私が英語の論文を見てもらう時とちょうど逆ですね。確かに普段使ってないと、難しいものは難しいですね。

R：はい。ですから、人に見てもらってフィードバックをもらうのがいいと思います。特にネイティブスピーカーの人に見てもらうと良いでしょう。

Y：なるほど。

R：基本的に、国際会議では「あなたのプレゼンテーションは全然分からなかった」と言う意地悪な人はいません。「それはどういう意味ですか？」と聞かれたら、それは向こうが関心を持ってくれたという意味です。こうすればもっと良くなりますよ、とアドバイスをくれることも多いです。それを素直に受け止めればいいと思います。

Y：おお。そうですね。おっしゃる通りです。皆恥ずかしいとかボロカス言われたらどないしよ…、とかついつい思ってしまいがちですが、国際会議などでは皆さん基本的に親切ですよね。

R：はい。私も小中学は日本の学校に通っていたので日本人的なメンタリティもあって、間違ったら恥ずかしいという気持ちも半分ありますが、大丈夫ですよ。間違ってもいいから安心して喋ってください。

Y：最後に勇気の出る一言で〆ていただき、ありがとうございました。

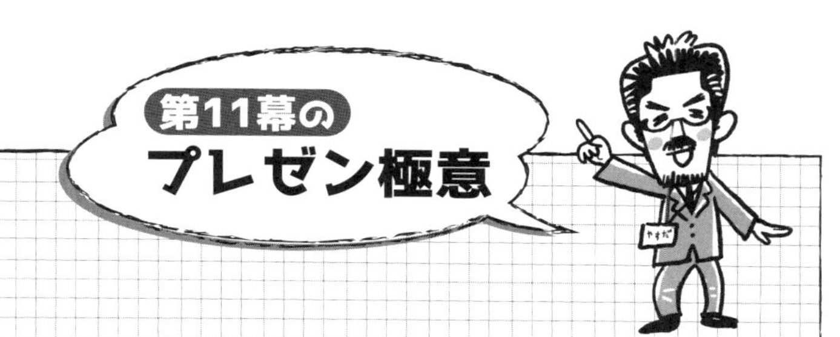

- 間違ってもいいから自分の言葉で述べよ
- 他人に説明する機会を増やすべし
- できるだけネイティブスピーカーに見てもらうべし

第12幕

Q&A

あなたのお悩み・ご相談にお答えします

最終幕は全体の集大成ということで、雑誌連載中に読者の皆さんからいただいたお悩み・ご相談にQ&A形式でお答えしながら、本書の一連のコンセプトを総括します。

では早速、Q&Aコーナー、行ってみよう〜。

熱意が感じられない…

Q 正確に読むことに集中して、原稿に目を落とす回数が多いです。真面目さが伝われば良いと思っていましたが、上司から熱意が感じられないと言われました。

暑苦しいのは自分のキャラではないのですが、プレゼンにおける熱意の伝え方とはどのような手法があるのでしょうか？

A うーむ。「熱意が感じられない」という印象を相手にもたれてしまうのは、やはり「正確に読む」「原稿に目を落とす」という行為に起因するかもしれません。ここは逆転の発想で、「正確に読むことを諦める！」というのはいかがでしょうか？

「正確に読む」＝「失敗しない」というリスク回避の安全運転志向は、しばしば「熱意がない」と取られてしまう傾向にあります。第４幕でも紹介した通り、「メモを見る」「原稿に目を落とす」は、実は失敗しないための安全運転でなく、相手にきちんと情報が伝わる成功確率が少ない、すなわちリスクの高い方法です。

もしメモを見ないと不安で仕方ない…というのであれば、スライド資料を見ながら喋ると安心です。第３幕でも言及した通り、十分論理的に作戦を練ってスライド資料が作成されていれば、スライド資料に重要なことが箇条書きで過不足なく書かれています。

それを若干のアドリブで言葉をつなぎながら（この部分は多少テキトーでもモゴモゴでもOK）スライドに書かれてある重要な情報を読み上げれば（この部分は大きく明朗に発音）、最低限伝えたい情報は相手に伝わります。このように**情報の重要度・優先度にメリハリをつけて自分の言葉で喋る方が、最終的に大失敗するリスク**（相手に必要な情報がさっぱり伝わらないというリスク）**を低減できる安全で確実な方法**と言えるでしょう。

特段暑苦しくなる必要はありませんが、「多少のミスはあっても重要なところだけ伝わればOK」と開き直れば、その余裕分だけ静かな熱意が相手に感じられるようになります。

あとは、発表する人自身が楽しむことです。「プレゼンは超苦手で苦痛なので全然楽しめないよ…」と思う人も多いかもしれませんが、実験や研究自体は楽しんで没頭する人は多いと思います。その自分の好きな楽しい実験や研究について嬉々として楽しそうに喋れば、熱意は自ずと伝わります。

さらに一言。上司の言うことは額面通りに受け取らない方が良いです。特に精神論的なことは…(笑)。多分、その上司は「熱意がある」かどうかにこだわっているのではなく「何らかの改善を示せ」というメッセージをあなたに送っているだけ、と解釈してはいかがでしょうか。

最低限、プレゼンを聴く人(上司・顧客など)に消極的な印象を与えないようにするにはどうすれば良いのか、次にチャンスがある場合に何をどのように改善するのか、リスク対策の観点から冷静に考え、まずご自身が無理なくできる「次の一手」を考えると良いと思います。それがストレスを溜めずに自然体でプレゼンを切り抜ける一番いい方法だと思います。

上司によってまちまち…

上司がらみで、別の質問も来ているので、そちらもご紹介しましょう。

Q 上司やプレゼン相手の好みがマチマチで（「大きな字でポイントだけ書いてあるのが良い」「たくさん情報が詰まっているものが良い」「強調線や赤字を使った方が分かりやすい」等）、その都度、何度もやり直しになってしまい非常に困る。

A **質問というより心情吐露のコメント、ありがとうございます。上司や顧客によって言うことが違う…あるある（笑）。上司や顧客の言うことはあまり直球で受け取らないで、軽やかにかわして、自分にとって参考になる部分だけプラスにする方がいいと思います。**

プレゼンに対する好みや要求事項は、おうおうにして人によって違うものです。酷い場合には同じ人でも日によって違う場合もあります。コロコロと変わる要求に対して、その都度対応していたら、こちらの身が持ちません。そこは重く深刻に受け止めるのではなく軽くヒラリといなして、単に「バリエーションが増えてラッキー」と考えれば気がラクかもしれません。

仮に、あるプレゼン資料をまったく新しく作る労力を10だとすると、ちょっと文字を大きくしたりカラーを直したり、というマイナーチェンジの作業は１にも満たないと思います。同じ内容のスライドに対して複数のバリエーションをコレクションしておくことは決して損ではなく、かつ少ない労力で作れるとしたら、それはむしろ時間効率の良い作業です。

実際、私自身も１時間半の大学の講義資料を作るには、そのエビデンス集めからカウントするとざっと10倍の時間が掛かりますが(それゆえに１年目の講義の準備は大変)、２年目以降は前回の反省点を踏まえながら最新情報を更新する程度のマイナーチェンジの作業なのでグンと労力が減ることになります。

さらに、現在では学外の様々な所から講演依頼を受けお話していますが、これまで講義などで貯めたスライド資料のコレクションがあるので、それを組み合わせて利用する形で比較的手早く作成できます。話の内容は同じでも、その講演の聴衆がどのような層であるかによっては、研究者向け、高校生向け、一般市民向け、産業界向け、国会議員向け…、と少しずつスライドをマイナーチェンジしています。

このように、**プレゼンを聴く相手によってリクエストが違うということは、むしろありがたい意見**であり、リクエストをいただければいただけるほど「では、このような説明の仕方はどうでしょうか？」とバリエーションが増えていくことになります。ちょっとした改善の結果、「ふむ、これなら分かりやすい」「まだまだイマイチやね」などのインタラクティブな反応ももらえれば、ゲーム的要素も出て、ますます面白くなります。

相手の投げた豪速球をいちいち全力で受け止めていたらたぶん身も心も持ちません。かといって、逃げて回ったり、キャッ

人によって言うことが違う…

チボールを拒否してしまっては上司や顧客からの信頼は得られないでしょう。飛んでくる豪速球から決して目を離さずに、直前で、皮一枚でヒラリと身をかわしたり、できるだけダメージや衝撃を吸収する受け身を取って、柔軟にボールを回収する方法を模索することをおススメします。

プレゼン中の視線は？

いただいた質問の中には具体的な現場テクニックに関する質問もありました。いくつか取り上げてみましょう。

Q プレゼン中、聴衆にアイコンタクトをするのは、まんべんなく全員を見た方が良いでしょうか？

それとも、決めた人に絞ってアイコンタクトした方が効果的ですか？

A **うーん…。ケースバイケースだと思いますが、不自然さやぎこちなさが出ない程度にぜひ自然体で。**

…という回答だけでは何やら抽象的ですので、もう少し補足します。

聴衆をまんべんなく見渡す方法は、確かに政治家の演説などでは必要かもしれませんが、まんべんなく見渡そうと意識し過ぎると、機械的・周期的になってしまい、むしろ不自然に感じてしまいます。

筆者が実際にやっている方法は、以下のような感じです。

① 会場に知っている人（知り合いの研究者や友人・知人）がいれば、その人たちとアイコンタクトする。

② あいづちなどの反応が良い人（ウンウンと頷いたり、分からなければ首を傾げたりする人）がいればその人たちに向かって語り掛ける。

③ 後ろの壁を凝視する。

④ 時々、スライドの方も(聴衆と一緒の目線で)見る。

もし人の目を見ると緊張する！という方は、①や②は無理にする必要はありません。重要なのは適度に自然体で目線を制御することなので、③と④をテキトーに繰り返すだけでも十分効果はありますし、たとえ③だけでも、後ろの壁に掛かっている時計と空調ダクトと非常口サインの３つくらいをランダムに繰り返せば、「余裕のある目線」を演出できます(笑)。いやこれだけで、ほんまに堂々として見えますよ。ぜひ一度お試しください。

Q 技術系のメンバーは、日常、エクセルで報告書を書くので、パワポが苦手な人が多い。パワポが下手な人は、エクセルで書いてそのまま貼ってしまい、修正もできず最悪。一方、動画やアニメを入れたりする使い手は、プレゼンの時はいいが、印刷すると重なってしまい、わけが分からなくなってしまう。

A **これも質問というより、現在お困りの現状報告で、あるある…と状況が目に浮かびます。お察しします。**

基本的に報告書(読みもの)とプレゼン資料(見せもの)はまったく違うもの！という意識をチーム内で共有することが先決かもしれません。

第３幕で言及した通り、プレゼンは「見せもの」です。論文や報告書のような「読みもの」とは、根本的に目的や方法論が異なります。プレゼンの真の目的が「相手に理解してもらうこと」であるという点を踏まえれば、相手に理解してもらうためのホスピタリティとして、この読みものと見せものの峻別は避けて通れません。

これまでプレゼンのトレーニングの機会が少なかった人は、この最も大事な点を誰からも教わっていない可能性があります。細かいテクニックを覚える前に、まずこの基本コンセプトを理解してもらうことが重要になります。

また、エクセル（もしくはワード）で書いた報告書に加え、パワポでプレゼン資料を作るなんて二度手間でシンドいよ！という意見も出て来るかもしれませんが、報告書の作成労力を10とすれば、重要な図表や情報を取捨選択してプレゼン資料としてコピペして整形していく作業はおそらく１～２割程度で済むと思います。つまり、120％程度の労力で成果物が２つ出来上がることになり、実はプレゼン資料作りは本来、作業効率の良い業務です。

動画・アニメ多用派に対しても同じことが言えます。スクリーンに映し出すものと、報告書や手元に配る配布資料はやはり別物です。これもちょっとしたホスピタリティと１～２割の追加労力で十分達成可能で、むしろ一粒で二度おいしい作業となるでしょう。

超短時間プレゼンでどうまとめるか?

Q 客先での短時間(5分程度)のプレゼンにおける要点のまとめ方について教えてください。

A **うむ…、5分でプレゼンという超短時間はなかなか厳しい時間ですね。短い時間でいかに要点をまとめるかは、実は「トークの上手さ」ではなく、プレゼン資料の作戦準備段階で決まります。まさにここは、ロジスティクス戦略を駆使した長考派の腕の見せ所です。**

まず、これから説明を行う相手(顧客)が何を望んでいるのか、何を知りたいのか、何に対して不満や心配を抱いているのか、何が解消されれば問題が解決するのか、アンテナを張って情報収集と情報分析が必要です(第9幕参照)。これはセールスや製品説明であってもクレーム対応であっても同じです。忙しい教授や上司を捕まえて手短に進捗状況を報告する際にも応用できます。

そのうえで、その要求を満たすためのエビデンスを集めます。すでに手持ちのデータやスライド資料があればラッキーですし、なければ追加の実験や情報分析で必要なカードを揃えます。

あ、もちろんここで、「相手の要求を満たす」ためとはいえ、最近流行りの(?)改竄や隠蔽は、ダメ、ゼッタイ！ですよ(笑)。できるだけ相手の要求を満たす努力をしつつも、科学的・論理的にダメなものはダメ、ムリなものはムリ！という態度を示すのも、最終的にサステナブルに信頼を勝ち得るための誠意あるプレゼンの最低条件です(第１幕参照)。

あとは５分以内でプレゼンが終わるよう、必要とされる情報の優先順位を考えながらプレゼン資料を作成します(第２幕参照)。プレゼン資料は１分１枚が標準なので、５ページに収まるように情報の峻別と厳選が必要です。

ここで５ページに情報をぎゅうぎゅうと無理に詰め込もうとすると５分以内で話をまとめることができず、かえって相手に何も伝わらないリスクが高まります。つまり、**５分程度の超短時間プレゼンでは必然的に重要度の低い情報はすべて削ぎ落とされ、提示されるすべての情報が「適切に要点をまとめたもの」になります。**可能であれば相手の興味や思考タイプに合わせて、演繹型か帰納型か(第２幕参照)、提示順序の作戦を何度もシミュレーションすると良いでしょう。

さらに、推敲の過程でやむなく落としたスライド資料は、補足資料として後ろに回して控え選手としてベンチに温存しておくと良いでしょう(第４幕参照)。プレゼン終了後、質問が来たら「はい、そのデータもご用意しています」とすぐさまグラフや図表を提示することもできますし、「細かい点については、ご興味があれば後ほどお読みください」として、付録資料をお渡しして帰ることもできます。

仮にプレゼン資料なしで口頭だけの説明であったとしても、この準備作業は実は同じです。むしろ、資料なしの場合こそ、このカードを揃えてカードを切る順番とタイミングの作戦を練りに練ることが重要です。

超短時間一発勝負のプレゼン、瞬間芸的なトークで切り抜ける場あたり的戦術ではなく、地道な長考派の戦略の方にこそ最終的に軍配が上がると筆者は見ています。

超短時間プレゼンこそ長考派に軍配

口頭試問でのプレゼン術！

Q 技術士二次の口頭試験は、約20分間の受け答えではありますが、その中でプレゼンを活かす方法、または緊張を和らげたり、上手く回答したりするための気構えなどがあれば、教えてください。

A **口頭試問、緊張しますよね。私の個人的意見かもしれませんが、ぜひアドバイスしたいのは、「100点満点を目指さないでいいです」「上手く回答しようとしなくていいです」ということです。**

様々な資格試験がありますが、基本的に満点でないと合格しない、という試験はありません。一般に筆記と口頭の点数配分や合格基準点がある程度公表されている場合は、口頭試験で何割失敗しても大丈夫！と計算することができます。技術士試験のように筆記の合格者のみ口頭試験に進む場合でも、よほどの虚偽や準備不足でない限り、厳しい減点主義ではなく、むしろ誠実性が求められます。

これまで本書でくどいほど述べてきましたが、プレゼンの真の目的は「上手くやること」ではありません。いかに相手に自分の考えや情報を伝えることができるか、が重要です。これは口頭試問であっても同様です。

２～３割上手くいかなくても７～８割伝わればOK！多少のミスはしゃーない！と思うことで(しかもそれが単なる空威張りではなく、過去問対策や自身の得意分野の分析など綿密な作戦に立てば立つほど)、心の余裕が生まれ、緊張もほぐれ、かえってミスも少なくなります。

また、**分からないことは分からないと正直に答え、間違ったことを言ったら、気がついた時点で訂正する勇気も必要**です。ここで第５幕で述べた、あいづちカードを数枚用意しておくと、答えに詰まったり言い直したり、考える時間が欲しい時にも役に立ちます。

ここ一番！という人生や将来が懸かった大事な時こそ、ゆるく楽しく自然体で。

家族ぐるみのお付き合い

国際会議に関するご質問も多くいただきました。その中からいくつかご紹介します。

Q 国際学会のディナーに、外国の方でも日本の方でも奥様連れの方はおられますか？

A なかなか面白い視点でのご質問、ありがとうございます。海外では配偶者同伴で国際会議に来ている方も多いですよね。家族ぐるみのお付き合いというのは、実は人脈作りや国際交渉でも重要なカードの1つです。そして、日本はそれをほとんど重視していないという点で、やはり国全体で交渉下手かもしれません。

第５幕では、国際会議における英語プレゼン編を懇親会からスタートさせましたが、懇親会は罰ゲームでも刺身のツマでもありません。懇親会こそが情報収集や人脈作りの主戦場です。

もちろんそこで、ガツガツと仕事上必要な情報だけゲットして帰るというのはマナー違反ですし、単に知り合いばかりの小さいサークル（例えば日本人席）で固まって楽しく飲んでいても意味はありません。

やはりそこは人間同士、立場や目的が違う者同士が、まず円滑に情報交換を進めるには、信頼関係の構築が必要です。

第９幕で述べた通り、**プレゼンは自分とは立場も考え方もまったく異なる「他者」への情報提供・**

情報交換の一形態です。他者に対して信頼関係を構築して円滑に情報交換する方法は、コンセプトやテクニックも含め、学校や会社ではほとんど誰も何も教えてくれませんよね？ 国全体でそれが必要だと予算を割いてトレーニングしてくれるところは、どうやらなさそうです。じゃあ、日本は生き馬の目を抜く国際産業競争の中で、どうやって交渉すれば良いのでしょう？

国際会議で家族連れの海外の研究者・実務者は結構多いです。立場が違う者同士が円滑に信頼関係を結ぶには、家族ぐるみのお付き合いは非常に有効です。日本では、妬み嫉みの足の引っ張り合いの文化もあるせいか、海外出張に家族同伴だと（もちろんその旅費は私費で払っているとしても）けしからん！とお叱りを受けてしまう傾向にありますし、会議の数日前に現地入りして主要メンバーと個別面談するだけでも、なぜそれが必要なのか、山のように書類を書かないと予算が下りないという、非効率で硬直的なルールも随所に見られます。効果的に情報収集をしたり、国際交渉を有利に運ぶためのコストを誰が支払うか、という経済学的問題としても日本全体で戦略を練った方が良いでしょう。

海外の研究者が家族同伴で来日することも多いため、筆者も家族を巻き込んで一緒に大阪や京都で観光案内をすることもあります。また、海外で空港に着いた途端に知り合いの研究者からメールが来て、「今からAnna（仮名）の自宅でホームパーティーするけど来ない？」とお誘いを受けることもあります（最近私も、ようやくそのようなお誘いを受けるようになりました）。行ってみると、ワイワイと馬鹿騒ぎをしながら、実は次の会議の下準備が主だったメンバーで話し合われていた…ということもよくあります。

日本的なウェットな「飲みニュケーション」は私も苦手ですが、海外ではそれとはまた違ったレベルでのコミュニケーションを取る文化があります。それを避けては信頼関係を築くことはできず、そうやって家族ぐるみで得た信頼関係や人脈こそ、将来の日本のための宝となる、と少なくとも筆者は思っています。

嫌な思いをしたことは？

同じく国際会議ネタで、ドキリとする難しい質問もいただきました。

Q 例えば、外国の方と一緒に食事に出かけた時に、避けた方が良い話題は何だと思われますか？外国で、明らかに差別的な扱いを受けたことはありますか？

A なるほど…、多くの方が気にするところですね。もちろん差別やハラスメントに抵触する話題は

論外ですが、基本的にあまり気に病まなくてOKだと思います。逆に日本での日本語会話のように気を使ったり、空気を読む必要はありませんし、大抵の方は、ほとんど例外なくSmall Talkに慣れているので、何の話題でも安心して大丈夫です。

このようなご質問は、今回だけでなく、筆者も今まで何度か聞かれたことがあります。このような質問を多くいただくということは、普段から日本での日本語会話でどんな話題がOKでNGか気苦労しており、英会話だとさらに大変かもしれない…と思っている人が多いからではないかと筆者は推測します。

私自身の個人的体験では、**海外で英語で会話をする方が、日本で日本語会話をしているよりも、嫌な気分や困った話題になる確率は極めて低い**です。

「避けた方が良い話題」というのも、基本的にはありません。英語のSmall Talkでは、政治や国際問題に関する際どい話題もバンバン降ってきて意見を求められたりもします（これは日本にはない傾向）。その場合でも、素直に自分の意見を言えば良いだけですし（日本と違って政治的立場による偏見・偏向は少ない）、答えたくない場合は「その話題はsensitiveなので答えられない」と素直に言えば良いだけです。

もちろん、差別やハラスメントに抵触する発言はどんな場合でも絶対的にNGですが、そもそも英語をトレーニング中の日本人がわざわざそのような語彙（ごい）や表現を積極的に覚えるシチュエーションはほとんどあり得ません。よほど悪意を持って意図的に使わない限りは、万一知らずに口に出してしまったとしても、きちんと訂正して誠意を見せさえすれば信頼関係が直ちに損なわれることはありません。転ばぬ先の訂正するテクニックは、第５幕をご参考ください。

また、筆者はこれまで通算で100回近く国際会議や国際委員会に出席して、本会議だけでなく楽しく懇親会や飲み会のために街に繰り出したりしていますが、幸いなことに差別的扱いを今まで受けたことはありません。それは単にラッキーなだけでなく、そのような国際会議のコミュニティーや街の人々の長年にわたる努力のおかげだと思っています。

人種差別や民族差別、性差別など、残念ながらこの世から差別はなくなっていません。しかし、幸いなことに、本当に心の底から差別を好む人は圧倒的少数派であり、**「差別をしてはいけない」というルールやマナーがちゃんと機能しているところでは、差別的扱いを受けることは確率論的に極めて少なくなります。**大丈夫、ご心配なさらずに…。

むしろ筆者は、日本においてこそ、差別的・ハラスメント的な言動にしばしば遭遇することに憂えています。特に日本のウェットな飲み会では、その遭遇確率はかなり高いです。ハラスメントや差別スレスレ(場合によっては完全にアウト)の発言を、場を和ませる冗談だと勘違いして高笑いしているオヤヂ(大抵、社会的身分が高い)を見ると、「金と時間を返せ！」と思ったりもします。幸い今では、そのようなつまらん付き合い酒は、ほとんどお断りできる立場になりましたが…。

というわけで、もし差別を受けるかもしれないという不安が、海外で英語を喋ることをためらう要因のほんのわずかでも占めるのであれば、私は躊躇なく、「安心してください、日本よりはるかにマシです」と答えたいと思います。

Q&A総括
（初心に戻って、そもそもプレゼンとは？）

今回取り上げたご質問は、これまでの良い復習となり、本書の最終幕を飾るにベストな総まとめになりました。

最後にQ&Aの総括として、そもそもプレゼンとは何か？ について初心に戻って考えたいと思います。

プレゼンとは、「他者」との情報共有・情報交換の一形態です。 自分のことをあまり良く理解していない相手＝他者に対して、理解してもらうよう努力する行為です。

他者とは、言い換えれば、「外集団」に所属する人たちです。外集団の反意語は「内集団」で、普段「我々」と呼んでいる居心地の良い集団です。内集団とは、趣味の仲良しサークルであったり、同年代集団であったり、いわゆる「理系」と呼ばれる英語に翻訳できない日本特有の集団だったり、社内のある部課だったり、特定の産業セクターだったり、美しいニッポンだったりと重層的です。

居心地の良い内集団の空間内では「アレ」とか「ソレ」とか「ヤバい」とか「キモい」とか、はたまた高度に発達した専門用語や業界用語の羅列だけで、論理構造を持つ文章を介さずとも意思疎通が可能である(という幻想に陥る)ことが多いですが、ひとたび外集団の構成員に説明する場合は状況がまったく異なります。

プレゼンという他者との情報共有・情報交換の作業は、この内集団と外集団の壁を破ることにほかなりません。

日本人の多くがプレゼンに苦手意識を持つのは、これまでトレーニングの機会が与えられなかったから、という教育システム上の問題もありますが、単にプレゼンというコミュニケーションの一形態のテクニック上の問題にとどまらず、**外集団に対してコミュニケーションを取ろうとする努力の必要性が社会全体で尊重されていないから**ではないでしょうか。

社会心理学では「内集団バイアス」なる用語もありますが、これは外集団に比べ自分が所属している集団(内集団)の方が優

プレゼンは他者との情報交換

れていると評価したがる心理バイアスのことを指します。この根拠のない優越感は、潜在的な劣等感と双子の兄弟です。

誰しも未知のものに対しては恐怖心もあるでしょうし、知らない人に対しては警戒心を持ちます。しかし、それが過剰になり極端になると、根拠のない優越感や劣等感に容易に転換します。本来、他者との関係はフラットであり、情報交換はフェアでイーブンなトレードであり、知らないことを互いに教えあうことは無上の歓びであるはずなのですが…。

本書はプレゼンが苦手な研究者・技術者を主な対象としていますが、プレゼンが苦手な人は、なぜ自分がプレゼンが苦手かを立ち止まってじっくり考えてみると良いでしょう。おそらくその原因は、決してご自身にあるのではなく、日本の教育システムや社会全体の内向性に遡ることができるのではないかと思います。

そう、プレゼンが苦手だとしても、それは決してあなた自身のせいではないのです。だとすれば、ほんのちょっとの気付きと工夫で苦手意識も払拭できるかもしれませんし、苦手意識を持ったままでもそれなりに楽しむこともできるかもしれません。

第１幕に遡って本書の目標を再確認しましょう。ゴールは「プレゼンを上手くやること」ではありません。ファクトと論理性と、できれば誠実性をもって他者と情報交換することです。本書を通じて、ミスしてもジタバタしながらでも良いから、自分自身の考えと言葉で、他者と情報交換することに少しでも歓びを感じてもらえるようになっていただければ幸いです。

あとがきと謝辞

筆者は、普段は風力発電に関する研究を専門としており、現在いくつか進行中の研究テーマの１つに風車事故のリスクマネジメントがあります。将来やってくる不確かなリスクに対してどのように行動すべきか、あらかじめ調整して備えておくのがリスクマネジメントです。

このリスクマネジメントの観点から、世に流布しているプレゼンや英会話の指南書を観察すると、筆者自身今までずっと物足りない思いをしていました。

多くの本には「こうすればできる！」ということが書かれているのですが、本に書かれた通りのことを完璧に忠実に実行することが前提とされており､本の通りになかなかできない人や、途中でつまずいてしまった人がどうすれば良いかは、どの本もほとんど何も言ってくれないのです。まるで「ミスはするな。ミスをしたら、もうそこから先は知らん！」と言われているようです。これでは、好ましい理想論や精神論ばかり語り、おそらくかなりの確率でやってくるであろうリスクにまったく目を瞑っているのと同じです。リスクをリスクとして認識せず、その対応を準備しないことは、数あるリスクの中でも最悪のリスクです。

巷のあまたのマニュアル本を読んで、「こうしろ、ああしろ、あれはするな、と言われても全部できないよ…」とか、「そないたくさん言われても全部覚えきれへんわ！」と悶々としている人も多いのではないかと思います。リスクは、好むと好まざるとにかかわらずやってきます。新しいことにチャレンジすればするほどミスや失敗はつきものです。そこで必要なのは、「ミスをするな」ではありません。ミスはしてもいいのです。重要なのは、ミスが発生しても最悪の事態にならないよう、無理なく具体的な方策でリスクマネジメントを準備しておくことです。どうしてそういう本はないのでしょう？

なければ、じゃあ自分で書いちゃいましょう、ということで、本書はこのような筆者の長年の悶々とした思いから生まれました。たまたまオーム社の雑誌『OHM』編集部からプレゼンに関する連載の企画を持ちかけられ、「ぜひやらせてください」と即答し、2017年６月号から2018年５月号の計12回にわたって「プレゼンが苦手な電気系のためのプレゼン入門」が連載されました。本書は、連載時の文章に対して必要最小限の修正以外はできるだけ手を入れず、雑誌連載時のノリと雰囲気をそのまま保ちながら書籍化したものです。このような千載一遇のチャンスとご縁を与えていただいたOHMの原正美編集長ならびに、連載執筆者として私をご推薦いただいた同志社大学電気工学科教授・馬場吉弘先生に感謝申し上げます。

また、雑誌連載時から、挿絵イラストは筆者の強い希望で、筆者と同じ大阪在住の漫画家・イラストレーターのヤマサキタツヤ氏にお願いし、お忙しい中、お引き受けいただきました。雑誌連載時はスペースとレイアウトの関係で、やや控えめな脇役だった氏のイラストも、本書では比較的大きなサイズで再掲され、存在感があるもどことなく脱力系でクスリと笑える助演俳優級に躍り出ています。しかも表紙や特別描き下ろしマンガも描いていただき、ヤマサキ氏の大ファンである私自身、感無量です。

本書で登場する英文は、ミスを連発する筆者自身だけでは心もとないため、ドイツ在住の英語のネイティブスピーカー（母語者）で、仕事上では筆者の共同研究者でもあるRena Kuwahata（桑畑玲奈）氏に英文校正をご協力いただきました。また、第11幕では、対談という形で英語ネイティブスピーカーに（しかも日本語で）本音ベースでお話を聞けるという私自身有難い貴重な機会を持たせていただきました。

連載の最終回（本書第12幕）では、Q&Aコーナーを設けたため、読者の皆さんからもご質問が寄せられ、少しだけですが、読者の方々と情報交換ができました。それ以外にも学会など、様々なところで「連載、見てますよ」というお声もいただき、必ずしも一方通行でない双方向コミュニケーションがつながっているのを感じながら書き進めることができたのは、雑誌連載ならではの醍醐味だったと言えます。

プレゼンは、１回きりの一方通行の虚しい作業ではありません。必ず何らかの反応が返ってくるものであり、それが微かなものであっても自分にとって厳しいものであっても、反応をもらえるということ自体が「双方向コミュニケーションがつながっている」証拠になります。プレゼンに苦手意識を持つ方も、最初は人から言われて強制的にやらされる人も、この「他者からの反応」にこそ価値と歓びを見出し、ミスをしても苦手なままでもOKですので、少しずつ前に向かって歩みを進めてもらえれば、と思っています。それが、本書全体を貫くコンセプトであり、多くの方にお伝えしたい最大のメッセージです。

さて、『理工系のための超頑張らないプレゼン入門』これにて閉幕です。筆者のゆるゆるダラダラとしたプレゼンに最後までお付き合いいただきありがとうございました。それでは、いつかまた、地球のどこかで。

あいづちカード

●同意・関心を示すカード

Sure. 確かに	**I see.** なるほど / 分かりました	**Indeed.** 全くです
Absolutely. 全くです！	**Exactly.** その通り！	**Definitely.** 確かに！
That's right! そうですね！	**That's good.** いいですね	**Sounds good.** 良さそうですね
I agree. 同意します	**I fully agree with you.** 全く同意します	**I completely agree with that.** 完全に同意します
I didn't know that! それは知りませんでした	**Ah, I've heard about it.** ああ、聞いたことがあります	**Sounds interesting.** 面白そうですね

●不同意を示すカード

I don't agree with that. 私はその意見に反対です	**I have a different opinion.** 私は違う考えを持っています	**It doesn't make sense.** 納得できません / 筋が通っていません

● 「間」を作るためのカード

Well... さて…	**Now...** それでは…	**OK, ...** では…
I mean... つまり…	**In other words...** 言い換えると…	**Say...** 言うなれば / 例えば…
By the way... ところで…	**On the other hand, ...** 一方…	**Coming back to...** …に話を戻すと
What's the word... なんて言う単語でしたっけ…	**How should I say...** なんて言いましたっけ…	**Give me a second.** 少し時間をください

●聞き返すためのカード

Sorry, say it again? すみません、もう一度	**Could you say it again?** もう一度言っていただけませんか？	**Can I make sure?** 確認していいですか？
May I confirm that? 確認させてもらえますか？	**Could I confirm that?** 確認させていただけませんでしょうか？	**Your point is XXX, isn't it?** 要点は XXX ということですね？

一度安田先生の講演会にも行きました。
さすが先生、ムズカシイ内容の中にも笑いを取ってて慣れてらっしゃる!!

そして驚いたのは先生の
twitter
えー
活用法!!

無法地帯のNETしかも著名人、匿名さまざまな相手とバシバシやり合っている。
エビデンス!!
エビデンス!!
って私は全然内容がわからないけれど先生はすごく誠意ある対応でしかもなんだか無双っぽい強さを感じずにいられない。

とは言え、こちら側からの目線なので、皆さんもぜひ先生のTwitter、一度みてみて下さい。
Twitter
@Yoh Yasuda
Twitterって愚痴や自慢を言うとこだと思ってたけど さすが教授となると建設的!!
ウーむ
センセイ!! またイラスト使って下さいね!!
やすだ

特別描き下ろしマンガ

安田センセイとボク

ヤマサキタツヤ

〈著者略歴〉
安田　陽　（やすだ　よう）
1989年横浜国立大学工学部卒業。
1994年同大学大学院博士課程後期課程修了。博士（工学）。
1994年関西大学工学部（現・システム理工学部）助手。
助教授、准教授等を経て、2016年より京都大学大学院
経済学研究科再生可能エネルギー経済学講座特任教授。
専門は風力発電の耐雷設計と系統連系問題。

イラスト：ヤマサキ タツヤ
英文校正：Rena Kuwahata（Elia Grid International）

理工系のための超頑張らないプレゼン入門

平成30年8月7日　第1版第1刷発行

著　者　安田　陽
発行者　村上和夫
発行所　株式会社 オーム社
郵便番号　101-8460
東京都千代田区神田錦町3-1
電 話　03（3233）0641（代表）
URL　https://www.ohmsha.co.jp/

組版　アーク印刷　印刷・製本　壮光舎印刷
ISBN978-4-274-50704-5　Printed in Japan